石破天惊

STARTLING STONE BREAK

中国象形玛瑙

收藏与欣赏

Collection and appreciation of
Chinese pictographic agates

黎军 著

序

玛瑙是宝玉石的一个品种，早在新石器时代，我国就开始用玛瑙制作各种饰物和器具，因为美丽而名贵，人们一提到珍宝，总爱说"珍珠玛瑙"。其稀有的象形图纹品种，与生俱来，人们往往难得一见，"养在深闺人未识"更赋予其不可名状的神秘气息和独特魅力。出版《石破天惊》一书，是为了揭开图纹玛瑙的神秘面纱，让更多人欣赏到她的芳容，或许不久的将来，图纹玛瑙珍品会受到人们的追捧和青睐，成为重要的收藏和投资热点。

所谓图纹玛瑙，就是带有天然纹理、层理、颜色及图案的隐晶质石英岩矿物。所谓象形图纹玛瑙是指玛瑙的纹理、图案与自然界和人类社会已知的事物相像或相近的玛瑙。本书所说的玛瑙实际上包括石英岩玉的两个亚种，即玛瑙和玉髓。玛瑙和玉髓的成分结构基本一致，其区别在于有条纹结构的称为玛瑙，没有这类结构的称为玉髓。玉髓虽然没有条纹，但会有简单亦或复杂的图案。为通俗易懂，方便称谓，一般统称玛瑙、玉髓为"玛瑙"，称象形图纹玛瑙、玉髓为"象形"。

玛瑙在中国汉代以前被称为"琼""赤琼""赤玉"。相传三国时期，曹操的儿子曹丕同父亲北征乌桓，当地的人进贡玛瑙酒杯一只，曹丕见酒杯红似飞霞，晶莹剔透，便挥笔写下《马脑勒赋》，他在序中说，"马脑，玉属也，纹理交错，有似马脑"，因此便有了马脑之名。其实古人不了解玛瑙的成因，认为是"马脑变石"。从这个典故中，不难看出，"纹理交错"即是图纹玛瑙的一个显著特征。到了明朝，马脑从玉旁变为玛瑙，一直沿用到今天。

据史料记载，我国新石器时代中晚期，就已经出现用玛瑙制作的简单工具和人体装饰品。然而，有记载的图纹玛瑙饰品却并不多见。宋代文人杜绾所著的《云林石谱》中，对图纹玛瑙是这样描述的："峡州宜都县产玛瑙石，纹理旋如刷丝，间有人物鸟兽云气之状""招信县令获一石于村民，大如升，其质甚白……中有黄龙作蜿蜒盘屈之状"。据清代江宁府江宁县（今南京市）县志记载："玛瑙涧五色文石，有云霞草木人物鸟兽之状，甚至字画天然，一石数金。邑人以山为市。"由此可见，在清朝，图纹玛瑙就已广受关注，且身价不菲。

民间流传的"影子玛瑙"，实际上也是图纹玛瑙。由于天然玛瑙中象形的纹理图案稀少，玉器工匠们将玛瑙的石皮及纹理图案与传统的雕刻艺术相结合，创造出了玛瑙俏雕，其艺术效果让人百看不厌，耳目一新。

在中国玉文化中，玛瑙占据了重要的地位。只是关于图纹玛瑙的记载却相对较少，在早期的大段历史中踪迹难寻。现有文献资料表明，全世界只有我国的故宫博物院和俄罗斯的克里姆林宫宝石博物馆珍藏有

"色彩成图的玛瑙"。图纹玛瑙实物更是存世稀少，主要原因是古代生产力极其低下，玛瑙矿石开采难度大，硬度高，在"砣锯时代"，就有"一砣玛瑙一砣金"的说法。再加上，中华民族自古多灾多难，传下来的图纹玛瑙珍品更是凤毛麟角，这不能不说是我国玉文化中的一个缺憾！

而同属于玛瑙的雨花石，却有着五千多年悠久历史，受到历代名人雅士的追捧，被誉为"石中皇后"。其实，同属于纹理石的雨花石和所谓的图纹玛瑙，其成因和质地是一样的。所不同的，一个是江河搬运、冲刷，天然的纹理、图案自然显现；一个是原石切割、打磨，天然的纹理、图案人为显现。与玛瑙雨花石相比，经加工的图纹玛瑙质地更晶莹剔透、色彩更艳丽斑斓、纹理更清晰可辨。二者所展示给我们的美具有异曲同工之妙。

地质学家普遍认为，图纹玛瑙形成于一亿年前的火山爆发，在漫长的岁月中，经过沉淀结晶，火山灰中的氧化锰、氧化铁、阳起石、角闪石、金红石、针状晶体及其他杂质等引起的共存反应，形成了这些神奇的玛瑙。

图纹玛瑙寓于玛瑙之中，是大自然的神来之笔和无私馈赠，其分布广泛，种类繁多。有的按产地分类，有的按色彩分类，有的按纹理分类，有的按图案分类。中国人好喜庆，以红为贵，南红玛瑙、川红玛瑙、战国红玛瑙的价格不断攀升，炙手可热。缠丝玛瑙具有非常细的平行纹带，纹络酷似在红色的线轴上缠绕了白丝线，非常美丽，在很多国家的珠宝习俗中，缠丝玛瑙和橄榄石一起被定为8月的生辰石。水草玛瑙含有不透明的氧化铁、氧化锰或绿泥石等杂质，其杂质呈现出水草、苔藓、柏枝等形状，宛若天然植物画卷，婀娜多姿，美不胜收。

"心内盛装绝色美"的象形图纹玛瑙，以其浑然天成、栩栩如生，从"非主流"华丽变身为宝玉石中的翘楚，"一枝独秀竞群芳"。那么，究竟是什么原因，导致了图纹玛瑙价位持续走高呢？

原材料涨价是原因之一。据悉，我国现代玛瑙开采、加工活动在"文化大革命"时期基本处于停滞状态，改革开放以后，富裕起来的国人，带动了旅游业快速发展。玛瑙工艺品因物美价廉、颜色亮丽、品种丰富，颇受游客们的欢迎。市场热销直接导致了人们对玛瑙矿石无序的开采和资源浪费，时至今日，国内上等的玛瑙矿石资源已近枯竭，地方政府对玛瑙矿石均采取了保护和限采措施。业内人士称，目前国内玛瑙市场一半以上的原料来自巴西，由于矿石挖掘对当地自然环境破坏严重，巴西国土部门已采取了严格的限采措施，直接导致玛瑙原料供应紧张，价格也因此一路走高。

其次，过去一些玛瑙加工者对图纹玛瑙存在一定的认识误区，也是图纹玛瑙升温的一个原因。以阜新为例，上世纪八、九十年代是玛瑙切片加工的高峰期，玛瑙原料出自阜新本地，这些原料材质好，色彩丰富，极易出现纹理图案，当地人称之为"花料"。可惜的是，为迎合市场需要，玛瑙加工者都想方设法用化学着色剂把花纹盖住。玛瑙染色，几乎毁掉了这一珍稀品种。

另外，图纹玛瑙之所以稀有和珍贵，还在于其加工过程的机缘巧合和偶然性。一块玛瑙原石，人们无法知道它的"内心"有没有美丽的花纹和神奇的图案，只有工人师傅们将其切开以后才会知晓，有时甚至于要切割若干个薄片才能看清楚。即使是发现有美丽的纹理图案，横着切、竖着切还是斜着切，其结果也完全不一样，有时多切或少切一个毫米都会与玛瑙图纹珍品失之交臂，可谓"差之毫厘，谬以千里"。

收藏和投资图纹玛瑙，既要弄清其美在何处，价值几何，又要保持一颗平常心。对同一件图纹玛瑙的鉴赏、评价，因个人经历和专业不同，可能会大相径庭，但总体上离不开质、色、形、纹这四个字。即：质地坚实稳定，细腻通透；色彩丰富艳丽，自然和谐；形状随纹而定，大小适中；纹理形象逼真，回味无穷。

图纹玛瑙以"象"为贵，其价值可谓越象越"贵"。但同时也追求神似，注重它所表现出的内涵和意境。图纹玛瑙珍品，是天然形成和后天加工共同造就，独一无二，不可再生。人们不断向玛瑙生产厂家询问，到底多少吨玛瑙原石能出一件精品？有人回答说加工生产了十几年也没有发现一件。也有人回答说运气好的话，几十吨就能出几件。运气不好的话，几百吨也难出一件。问题很傻，回答的也不靠谱。但集中说明一点，那就是象形图纹玛瑙稀有而且珍贵。

近年来网上疯传的"天价奇石"，如"岁月"、"小鸡出壳"等，几乎都是天然象形玛瑙原石及玛瑙工艺品。尽管我国观赏石市场持续升温，喜爱和收藏观赏石的人群迅速扩大，但是观赏石的标准和价格体系还在探索之中，还没有形成规范的流通市场，价格缺乏相应的参照。多数观赏石在藏友间私底下交易，具体成交价并不为外界所知。离谱的价格也引起了人们的质疑，业内人士坦言，动辄几千万甚至上亿元，不排除背后的炒作，而一味炒作，很有可能引发人们的信任危机，让人望而生畏，从而断送了这一产业的发展前景。

"质是石之本，纹是石之魂"。图纹玛瑙精品是形式和内容的统一，是材质和纹理图案的完美结合，尤其是天然形成的纹理图案，就像一个大千世界，变幻无穷，无所不有。玛瑙不缺乏美，而缺少人们对美的发现，大自然好像早就对万事万物有着预先安排，就等待你寻找和发现。

发现艺术不在艺术品本身，而在于发现者。有的象形玛瑙切片，可以一图多看，比如"畅快"，本来是一个大笑的的金熊，当旋转90°时，就变成了"慈母"——一个金熊抱着襁褓中的小熊。再旋转90°时，又变成了"梳理"——一个金熊探身整理自己的下肢。有的玛瑙手镯甚至出现两个以上的象形图案，比如"神秘耶利亚"和"八卦"就是一个图案的两个部分。特别是玛瑙手镯中的全景山水图案，比如"日照丹霞"、"楼兰古城"更是层次分明、美轮美奂，令人拍案叫绝。

"天机之动，忽焉而成。"象形图纹玛瑙正是在大自然怀抱里不经意间孕育而成的，她那晶莹剔透、五彩斑斓和坚韧刚毅的天性，唤醒了人们内心深处的美好记忆，激发起人们对淳朴、正直、善良的不倦追求。

2014 年 3 月 16 日

黎军
继续着美丽而执着的前行

杜 平

一滴海水能够折射出太阳的七彩光芒。

那么，一枚小小的玛瑙切片呢，能让我们捕捉到什么样的神奇影像？

或许，通过这部有关玛瑙纹理图案的摄影和收藏专辑，在这片从未被开垦过的艺术的处女地上，我们找到了直通心灵的最接近童话的地方……

2007年9月，随着第七届平遥国际摄影节的完美落幕，一个被圈内人称为"黎渡槽"的摄影人走进了人们的视野并引起关注。他那组专题摄影《中国渡槽》把半个多世纪前遍布大江南北、山川平原，早已废弃又被人遗忘多时的农业水利工程——渡槽，重新拉回到人们的视野当中。

看过这组照片的人一定会为之动容，斑驳、残破、寂寥、无助，就像一个人从曼妙青春走到垂老暮年一样，渡槽俨然成了那个时代的缩影，成了那段历史的回声，成了岁月沧桑变迁中体制和精神的象征。

《中国国家地理》《中国摄影报》等报刊杂志对他的摄影专题纷纷进行了报道，概括他们的说法，在镜头下，他将中国渡槽以艺术的名义进行了一次凤凰涅槃式的浴火重生。

从此很多人记住了在中国第一个以渡槽为创作素材，表现渡槽历史的摄影人：黎军。

在朋友眼中，黎军是个意志坚定，雷厉风行；处事低调，办事认真；待人谦和，有着君子风范的人，优良的品格得益于长期的军旅生活的修养和磨练。

既然是摄影人，他的业余时间，几乎都打发在他的摄影创作上，有时一阵子没有见到他的人影，想要了解他的近况，最直截了当的方法是在网上看他又拍了什么东西。

不过，面对黎军，朋友们有时也会产生困惑，尽管这些年他扛着心爱的"短枪长炮"天南海北寻找创作素材，也是佳作不断，斩获颇丰，但总体上总不及当年令他名声鹊起的那一组渡槽来得真切与震撼。朋友甚至私下议论，黎军的创作是否走进了"枯水期"，而需要"重整河山待天明"。

直到有一天，黎军突然约我面谈，把厚厚的一叠图片放到我面前，说这是他近几年奔波的成果，准备整理出版，我才恍然明白，这些年在他沉寂的表象后面，雪藏着的是炽热的创作灵感。

不得不说，我对黎军这部摄影和收藏专集的体会是颠覆性的，谁会想到多年来横刀立马以拍摄厚重题材著称的他，会于无声处剑走偏锋，当别人以为他的创作有些步履蹒跚时，他却成竹在胸匆匆前行，把目光投向了很少被人提及，又常常被人忘记的那一枚枚小小的玛瑙上。

黎军说："玛瑙也是玉石的一种，和翡翠、和田玉相比算是族群当中的下里巴人，以往很少有人专注于此，尤其是对于一个摄影人来讲。"然而，冥冥之中就仿佛他和这些不起眼的玛瑙有过神秘的约定一样，在生命的某一个时段他们会不期而遇，进而完成了一次美丽的邂逅。三年前，黎军开始潜心于玛瑙纹理、图案的拍摄，随着工作的进展，图纹玛瑙所展现出的独特魅力和韵味，带给他越来越多发现的惊喜和寻找的愉悦，直至后来他坚定信念，要用镜头为玛瑙开启一扇魅力之窗，让更多的人去领略那个奇幻的世界。

于是三年后，在我们的眼前，便有了这部以玛瑙图案为内容的摄影和收藏专集《石破天惊》。

在这部书中，黎军把所拍摄的玛瑙图案分为风景、人物、动物、植物、生活、奇巧和字符七大类。若仅从归类上看并不能感受这部图书的非凡，但当你打开它的那一霎那，你会忽然发现走进了一座微型的圣洁而神秘的艺术画廊，在这里，时空纵横，空间无限大，内容无限多，更浓缩和容纳了人间的所有艺术形式、艺术风格和创作素材，工笔、水墨、水彩、油画、木刻、剪纸，林林总总，无所不包。写实与抽象，清晰与朦胧，轻描与重彩，复古与超现……所谓天设地造，所谓神工鬼斧。

譬如人物类，古今中外一个一个粉墨登场：有的似哀似怨，楚楚动人；有的清新典雅，童趣无邪；有的铁面无私，鬼神避之；有的佛柔天下，禅意无边。还有的出自神话传说，成语典故，个个都是耳熟能详，个个都是呼之欲出。

动物类更是热闹非凡、情趣盎然：龙腾虎跃、狼奔豕突、鸡鸣犬吠、莺啼猿吼，还有百鸟朝凤、玉兔呈祥、灵猴献寿、鹿鸣啾啾……

生如夏花之绚烂，死如秋叶之静美。用这句诗来形容植物类的玛瑙图案再合适不过：一片金黄落叶，一朵火红玫瑰，一丛柔柔春草，一棵独立的大树，有生命，有热度，那种美，那种韵，只可意会再难触及。

雄关漫道，气吞山河，小桥流水，柔情脉脉。风景类玛瑙图片也是黎军整部书的重头戏，所以他把风景类排在了书序的第一位，你怎么能想到，那一枚枚玛瑙切片和一支支玛瑙手镯，通过他的摄影给我们展示出的是一种波澜壮阔气势抵天的自然图像。在这里，你既能感受到大漠孤烟直、长河落日圆的壮美，也能体会到空山新雨后、天气晚来秋的意蕴，甚至还能看到对故土的眷恋，还能读出与山乡的情缘……

黎军曾经告诉我："摄影人的可贵之处，在于独立的思索和不怕失败的勇气。"从三年前开始收集信息、集中拍摄，直至整理和编辑这些玛瑙图片，创作的困难和艰辛自不待言，劳累时也常常会感到这条创作之路漫长无边，甚至怀疑过这些作品能否被理解或接受，但有一条他知道：敢为天下先，才是艺术的最高品位。

我想，作为摄影人的黎军这把豪赌做对了。《石破天惊》其实也和他的《中国渡槽》一样，是打着黎军深深个性色彩及烙印的艺术发现，是以他的名义开发出来的另一片艺术处女地，也是他又一次成功的艺术探索之旅。而我们则通过他的发现，得到了一道视觉的饕餮盛宴。

还有一点也应该指出，这部图纹玛瑙专集除了一张张幻化无穷、美轮美奂的图片外，还有那一组组精妙

的、非常到位的点评，优美的文字和妙不可言的图案交织融合在一起，所谓相得益彰，珠联璧合，也是该书的又一大看点。

还能说什么呢，黎军通过他的创作和实践，通过他的执着和信念，完成了他艺术人生的又一次完美蜕变。相信《石破天惊》的出版不仅为摄影界，乃至收藏界增添了一道绚丽的风景，同时，也是黎军艺术之路的一个新的起点。

感谢黎军这个继续着美丽而执着的前行的人。

2013-12-7 于老杜工作室

黎军 Li Jun

退役上校 / 摄影师

从事摄影创作近三十年，在国家级报刊上发表过大量摄影作品，百余幅作品在全国影展、影赛中展出或获奖。2002年至2007年，2011年至2013年，先后拍摄完成《中国渡槽》和《石破天惊》两大选题。前者从一个侧面反映了我国上世纪六、七十年代水利设施的现状，后者生动展现了天然图纹玛瑙的神奇魅力。

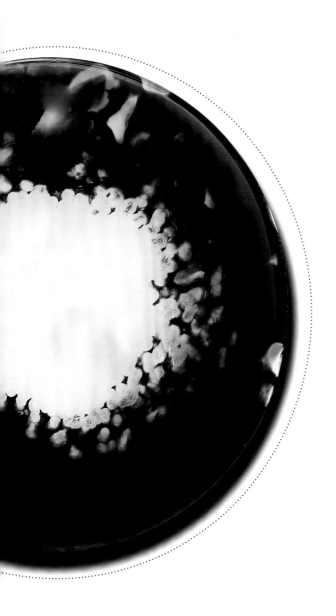

目录

注：藏品规格为毫米（mm）

天地玄黄

Scenery

从大漠深处古堡的神秘美丽到火焰山下砂岩的炙热滚烫，从日照丹霞的斑斓峥嵘到黄土高坡的粗犷豪放，从温婉江南的一帘幽梦到黄河岸边的荡气回肠……有喜悦也有忧愁，有憧憬也有迷惘，总有无数个瞬间，让我们感恩这个世界，总有无数个风景，充盈着人生的美好时光。

最好的时光，在路上。那个你，卸下了都市丛林背负的重重铠甲，活力蓬勃，宛若新生，向着自己的内心深处，远游。

日照丹霞　规格：60×25×8

天边红日映红霞，丝路处处有奇葩。楼宇嵯峨连山起，石林峥嵘遍地发。鬼谷巧设迷魂阵，将军率兵密如麻。鬼斧神工造者谁？万年风蚀雨冲刷。

古城堡　规格：58×20×8

在最接近童话的地方，有一座壮观而美丽的城堡。它精美绝伦，金
壁辉煌；它气质高贵，固若金汤。那里发生过怎样的故事？时而浪漫，
时而忧伤。

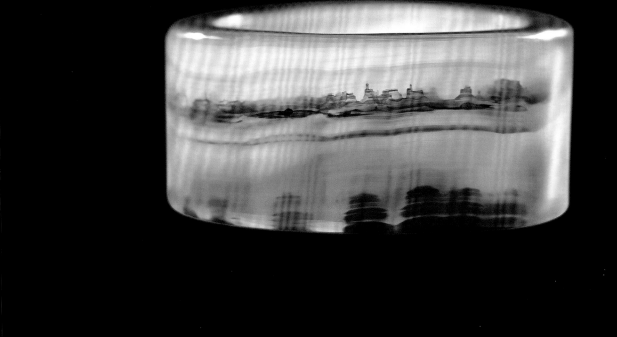

魔鬼城 *规格：43×26×7*

夜，一片漆黑的夜，风暴在雅丹呼啸。一座座雕像狰狞而鲜活，迎着风暴引吭高歌。那是一首狂野的曲，那是一支奔放的歌。

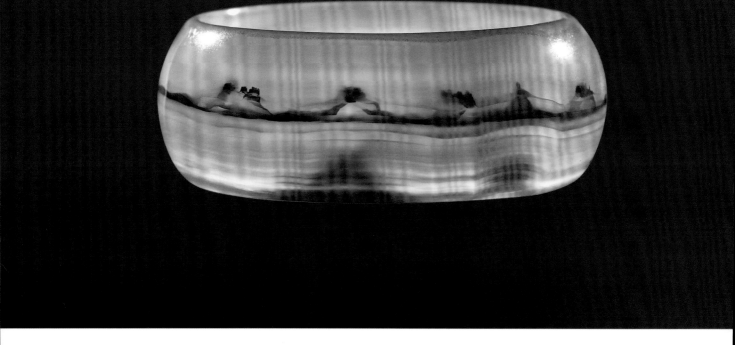

楼兰古堡 *规格：61×27×8*

所有的喧嚣都已平静，眼泪与苦难、美丽与繁荣，化作似血残阳，

在荒芜的大漠深处悲鸣。神秘的楼兰姑娘，用一指风情，轻轻拭去

过客眼角的潸然。梦回楼兰，你的世界，依然繁华。

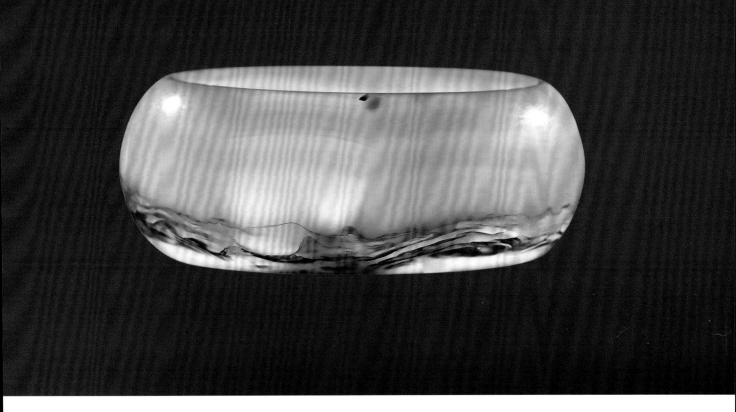

大漠风情　规格：60×29×11

大漠与洪流，浩瀚与激荡，人类在它们的威慑下心生绝望，也在它们的宽恕下重拾信仰。

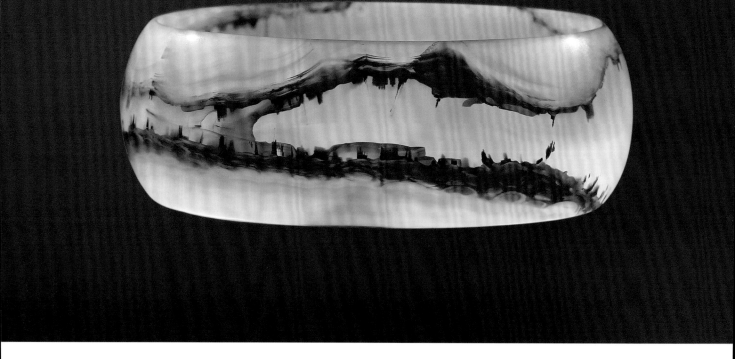

火焰山下　　规格：60×24×5

一片真正的热土，赤红的砂岩，滚滚的热流，不热不罢休。一片真

正的绿洲，坎儿井，葡萄沟，甜到心里头。

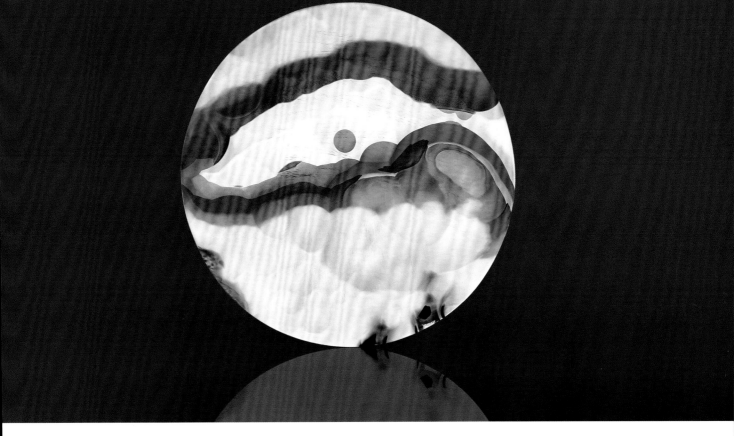

云蒸霞蔚　　*规格：$91 \times 91 \times 4$*

清晨，风平浪静，云雾在峡谷间汇集升腾。那个为行者遮风蔽雨的
山洞，在旭日弹出的一瞬，捕捉了稍纵即逝的美景。

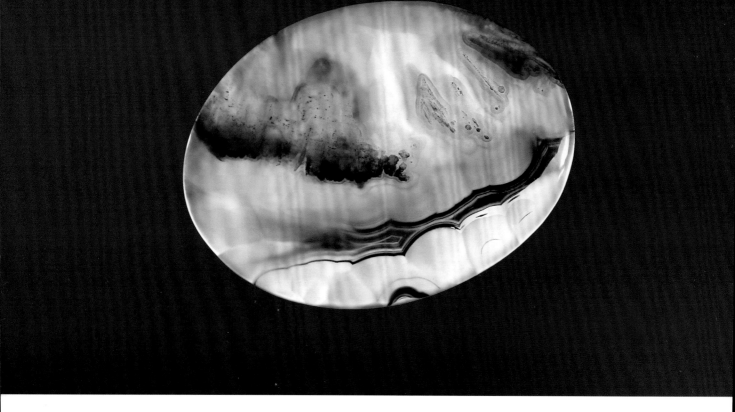

巫山云雨　　规格：38×53×5

曾经沧海难为水，除却巫山不是云。

——唐·元稹

湖光山色　　规格：45×45×6

红尘深深，深几许。倦了，累了，就把一切的一切抛开，静静地徜
徉于湖光山色，心情放逐在云天外……

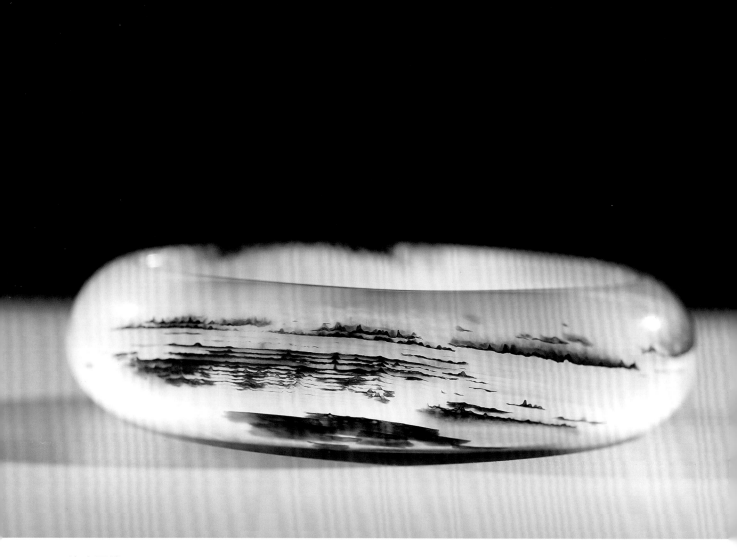

海市蜃楼　　*规格：61×18×8*

忽闻海上有仙山，山在虚无缥缈间。

——唐·白居易

甲天下　规格：63×19×8

桂林山水甲天下，阳朔堪称甲桂林。群峰倒影山浮水，无山无水不
入神。

江南风光　规格：78×82×19

余晖流连堤岸，藻荇眷恋湖面，旧时的景致总能在梦中重现。尘世之

幻，莫过于这片刻的镜花水月，桥还在，人未见……

天路 规格：$57 \times 19 \times 7$

这是一条绵延起伏的天路，一头连着相思，一头系着牵挂。快跟我
走吧，我要带你去喜马拉雅，去看那最美的格桑花，快跟我走吧，
穿越一切滚滚红尘，听那雪水洗过的情话。

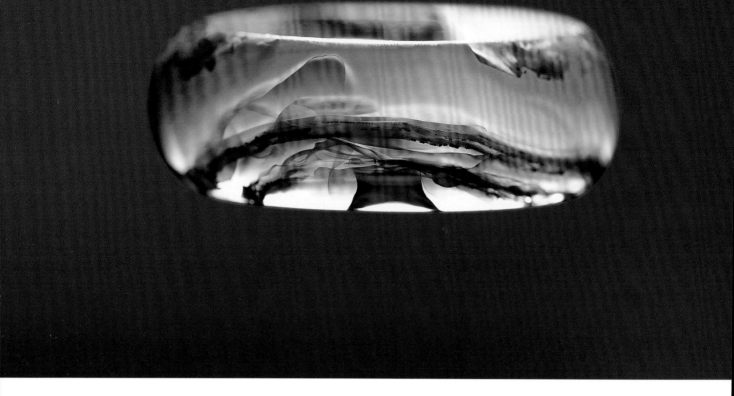

经幡　　规格：60×26×9

　　那一刻，我升起风马，不为祈福，只为守候你的到来。

朝圣　规格：52×37×4

那一年，磕长头匍匐在山路，不为觐见，只为贴着你的温暖。

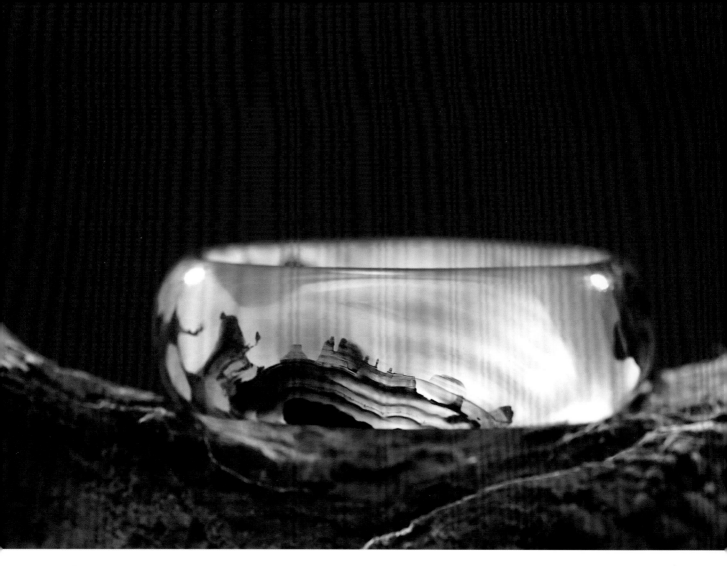

经殿 规格：56×18×7

那一天，我闭目在经殿香雾中，蓦然听见你颂经中的真言。

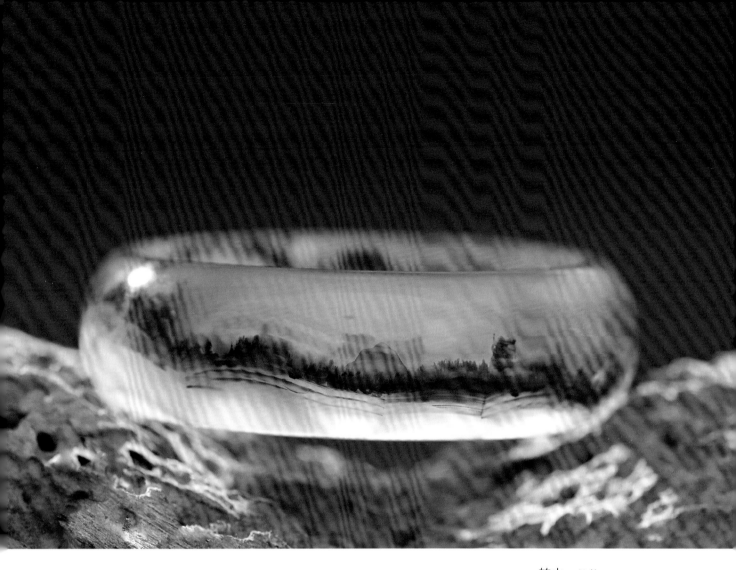

转山　　*规格*：$60 \times 21 \times 8$

那一世，我转山转水不为轮回，只为途中与你相见。

在河之洲 规格：30×58×6

关关雎鸠，在河之洲，窈窕淑女，君子好逑。

　　　　　　　　　　　　——《诗经》

黄河岸边　　*规格：58×25×7*

黄河从我家乡过，浩荡而来，逶迤而去。岸边男人爱唱歌，情深意长，
撒满黄河。

故土　*规格：　84×85×23*

读万卷书也读不完你的美丽，行万里路也走不出我的回忆。相思早
已装满我的行囊，鼓起我远行的勇气。

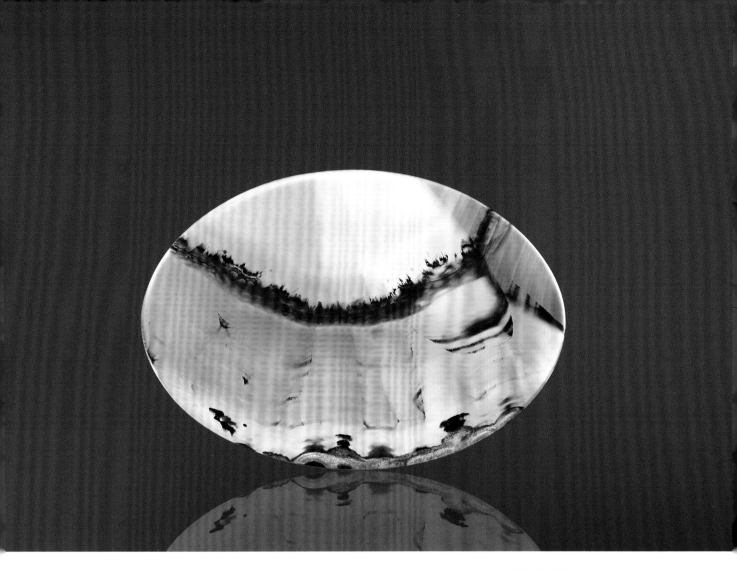

壁立万仞　规格：$58 \times 40 \times 4$

愚公后人隐太行，斑驳石屋历沧桑。瀑垂千尺滚雷声，壁立万仞染
霞光。风流天梯壁悬路，古今英雄淹苍茫。

又见炊烟　　*规格：59 × 25 × 9*

那托起我成长的山，是否还依然高大；那滋润我心田的水，是否还依然甘甜？阳光拉瘦老屋的影子，天空中升起了袅袅炊烟。

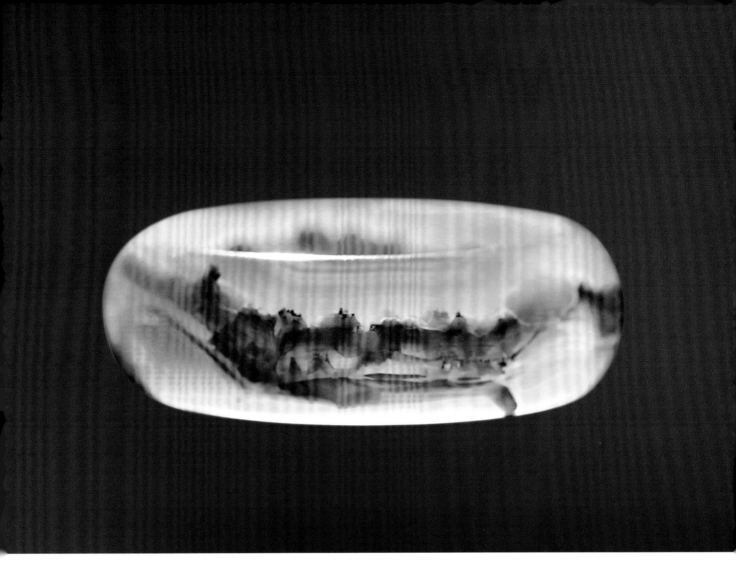

信天游　规格：58×22×8

西北风抚摸着牛羊的脊梁，黄土地播种着祖先的梦想，信天游在漫天飞舞的黄沙间回荡。

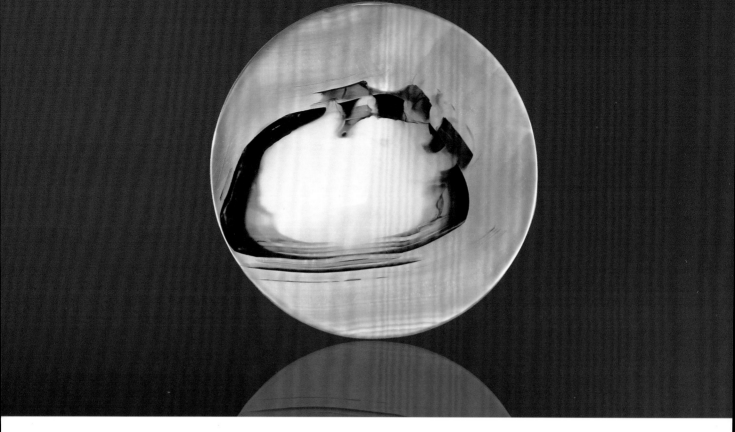

池塘人家　　*规格：45×45×3*

三月的早春，池水苏醒，看一群燕子，于屋檐下衔泥筑巢。繁华关

在门外，独享这一池清净时光。

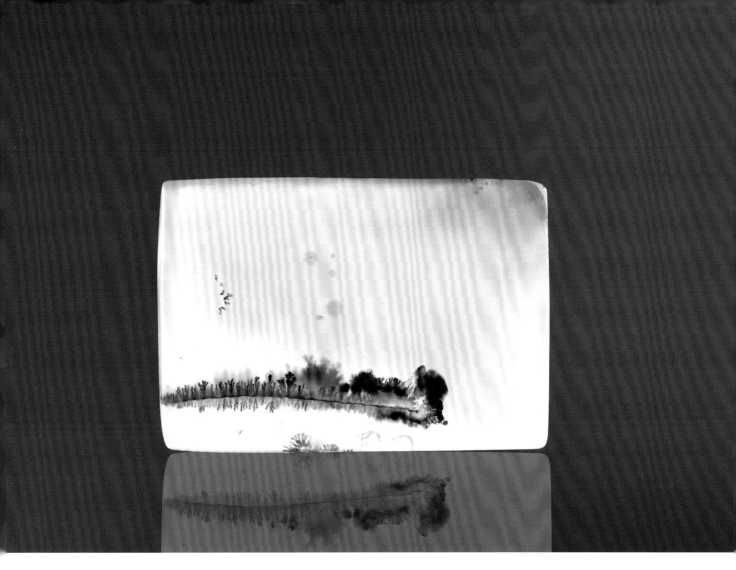

母亲的希望　规格：$47 \times 70 \times 8$

小时候，母亲背着年幼的我，除草插秧。长大后，才知道，母亲栽种的希望，在田里更在背上。

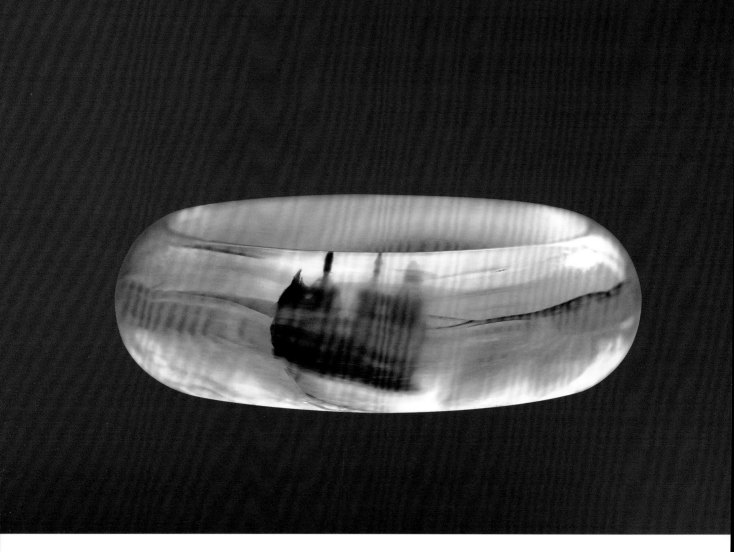

长风破浪　　规格：62×23×9

长风破浪会有时，直挂云帆济沧海。

——唐·李白

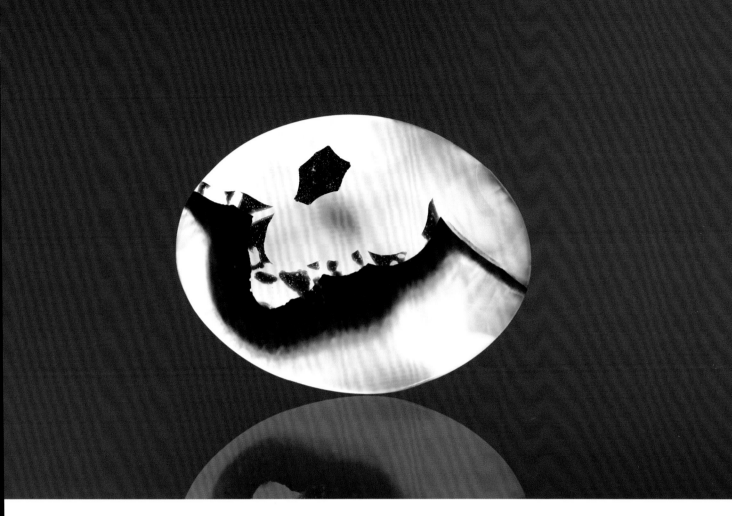

赛龙舟　规格：35×48×4

又见端阳赛龙舟，雄师对阵竞风流。鼓声阵阵人鼎沸，你追我赶拔
头筹。

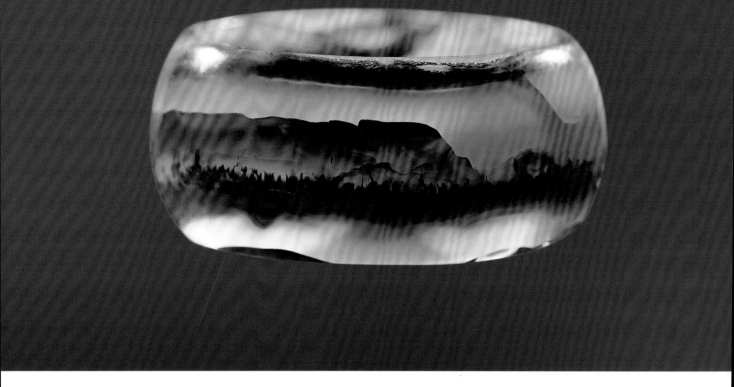

金戈铁马　　*规格：58×31×9*

夜阑卧听风吹雨，铁马冰河入梦来。

——宋·陆游

大漠雄关　规格：58×21×8

狂风，吹散了烽火狼烟，却带不走对亲人的无尽思念。黄沙，埋葬
了金戈铁马，却掩不住黄昏的血色残阳。

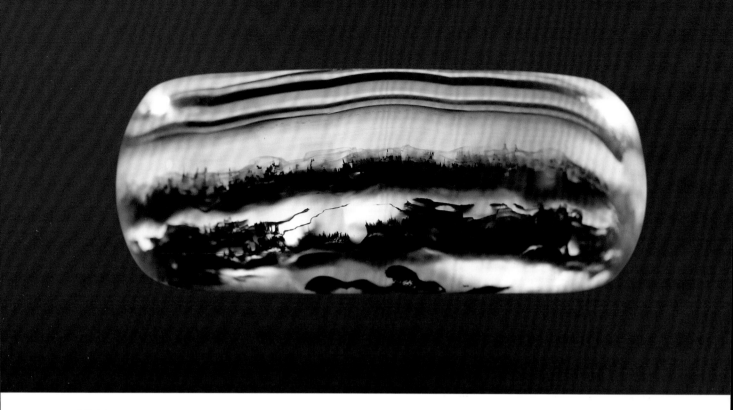

兵临城下 　规格：60×32×11

黑云压城城欲摧，甲光向日金鳞开。

————唐·李贺

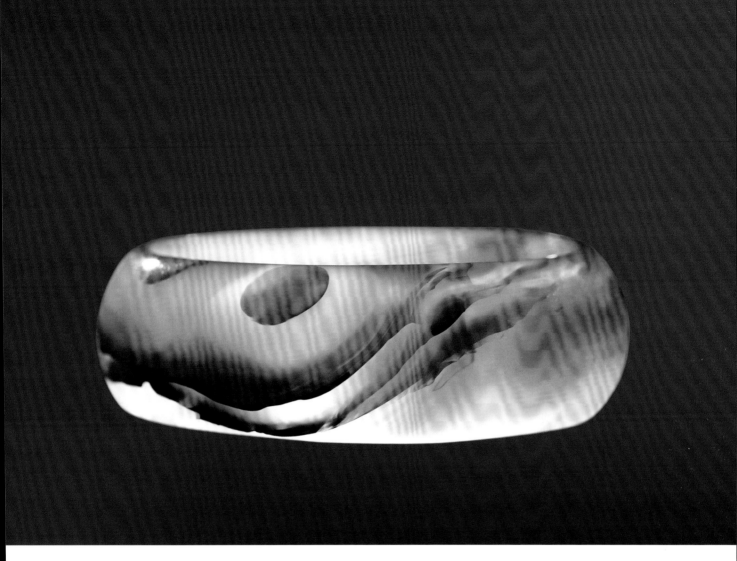

谁持彩练当空舞　*规格：62×23×9*

赤橙红绿青蓝紫，谁持彩练当空舞？雨后复斜阳，
关山阵阵苍。

——毛泽东

东边日出西边雨　　规格：51×51×3

东边日出西边雨，道是无晴却有晴。

——唐·刘禹锡

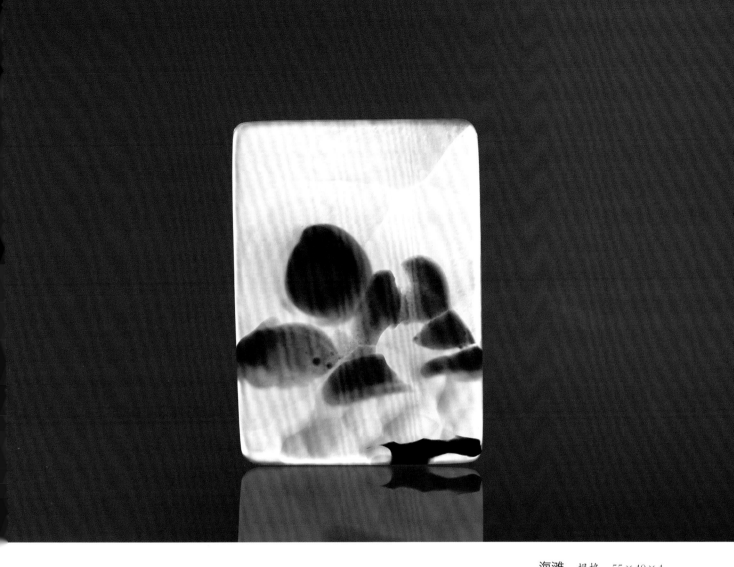

海滩　*规格：55×40×4*

等到人群散了去，等到喧嚣散了去，等到浪花拍上礁石，我才能静
静回味，你传递给我的温度。

金秋喀纳斯　规格：61×19×7

蒙古人、图瓦人演绎着传奇的历史，云杉、冷杉点缀着缤纷的景致，

红鱼、湖怪凭添了撩人的神秘。

天池　*规格：35×20×10*

山顶一瑶池，天生好景致。白云挂山尖，静水无涟漪。风吹树形丑，
火烧岩石奇。水怪逐碧波，雾开幸运时。

梦萦天柱山 *规格：34×47×6*

皖西景色绿如翠，未进山门人已醉。日月相随天不老，天柱白头意
为谁？绝顶处处藏劲松，风动悬石山自岿。六月飞雪无处寻，天街

小吃尽美味。一枕梦圆晴雪居，哪管谷深锁云雷。

野火烧不尽　规格：57×57×3

离离原上草，一岁一枯荣。野火烧不尽，春风吹又生。

人间百态

Human Beings

你是用智慧和执着，问鼎科学最高奖项的玛丽·居里；
你是穿着宽大的擦尔瓦，美丽而多情的彝族少女；你是
在舞台上款步掷袖，在别人的故事里，流着自己眼泪的
哀怨青衣……

人生自有人生的轨迹，有的人活得轰轰烈烈，有的人活
得杳无声息；有的人活得富足高贵，有的人活得贫贱卑微。
或许，人生就是一出戏，从一出戏的开始，到一出戏的
落幕，我们都真实地扮演着自己。

中国梦　规格：150×150×5

龙的传人，头顶古老民族的伟大梦想，穿越时空，历经沧桑，正汇
聚成强大的力量。像滚滚黄河、长江，一泻千里，不可阻挡。像巍
巍昆仑、太行，坚不可摧，无比刚强。你的梦，我的梦，都蕴涵着
幸福梦、振兴梦和富强梦，都是令人神往的中国梦想。

剪影 规格：46×46×4

她是用智慧和执着问鼎科学最高奖项的玛丽·居里，是以女性气质
的书写挣脱世俗枷锁的简·奥斯汀，是一袭黑衣颠覆西方女性形象
的可可·香奈儿……是男权世界中千万个自由意志的女性群像，是
恢弘时代里一个隽永而浓重的美丽剪影。

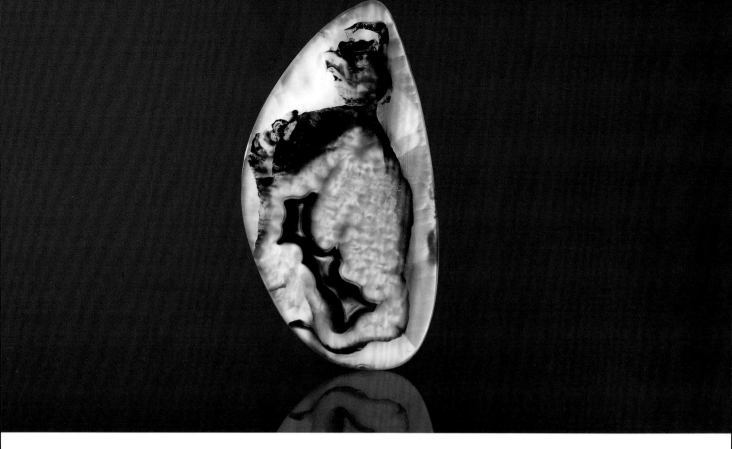

彝族少女　　规格：92×50×4

宽大的擦尔瓦，遮挡不住你的娇柔。低垂的眼睑，藏不住你的害羞。

只因对视了你的双眸，从此，我的心便被你偷走。

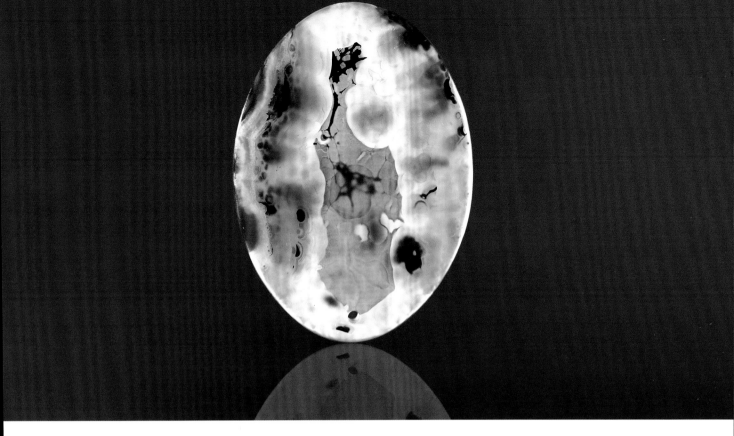

青衣 规格：51×37×5

悲欢离合，款步掷袖。是谁安排了这场邂逅，是谁刻画了世间美丑。
是谁在别人的故事里，让自己泪流。

静思 规格：49×33×5

你安静地坐在无人的角落，注视远方，一脸的惆怅和落寞。纷乱的

思绪比秀发还多，心事对谁说？

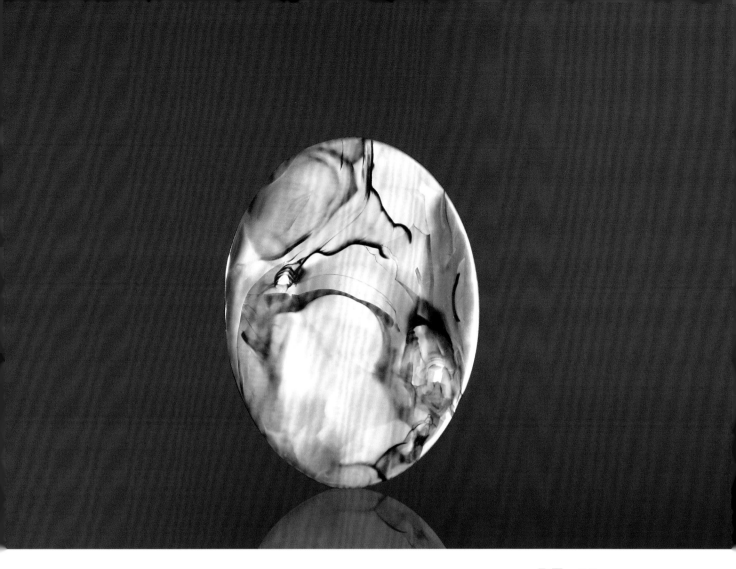

飞天　规格：50×37×5

石窟飞舞已千载，黄沙漫漫搭舞台。璀璨银河播花雨，七彩祥云织
裙带。反弹琵琶凌空舞，大漠丝路留风采。

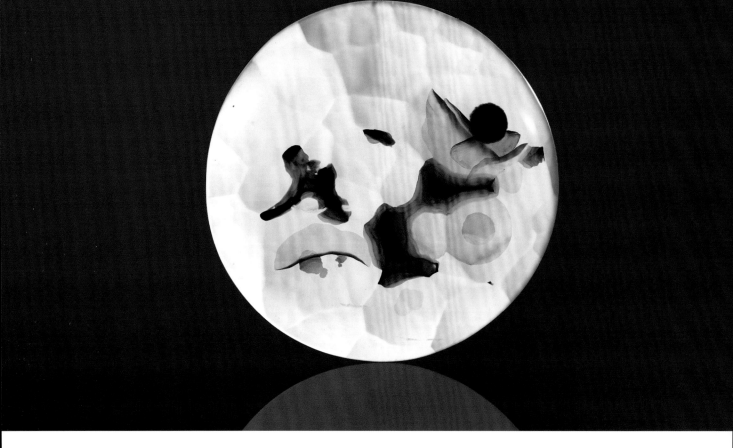

掀起你的盖头来　　规格：62×62×5

荒凉的戈壁，翠绿的河谷，歌舞之乡到处都有麦西来甫。悠扬的曲调，

旋转的舞步，热情、奔放之舞永不落幕。

艺妓　　规格：102×102×5

没有人懂得，轻歌曼舞、美艳柔情的背后，是多少的辛酸和付出。
陪衬了别人的快乐，寂寞着自己的寂寞。

蹴罢秋千　规格：50×50×3

蹴罢秋千，起来慵整纤纤手。露浓花瘦，薄汗轻衣透。

——宋·李清照

待嫁　　规格：42×48×4

相信终有一个人，揣着前世的约定，跋山涉水守候在今生的路口，等待与你重逢。

出塞　规格：42×57×5

紫台一别赴塞北，华盖掩面暗垂泪。琵琶哀怨作胡语，朔风漫卷彤

云飞。塞外荆楚何人问？期盼来年鸿雁归。

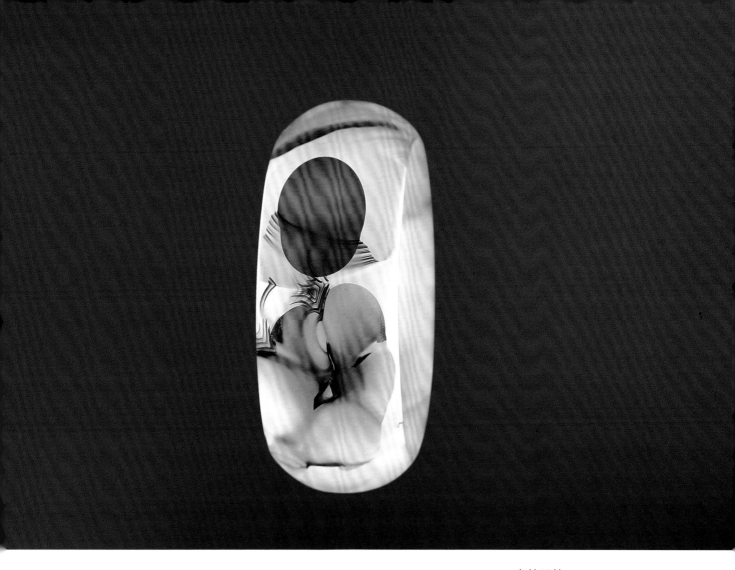

森林天使　　规格：58×26×9

青春是一段段的往事，越过回忆，璀璨绽放。青春是一个个的憧憬，
隔着岁月，茁壮成长。

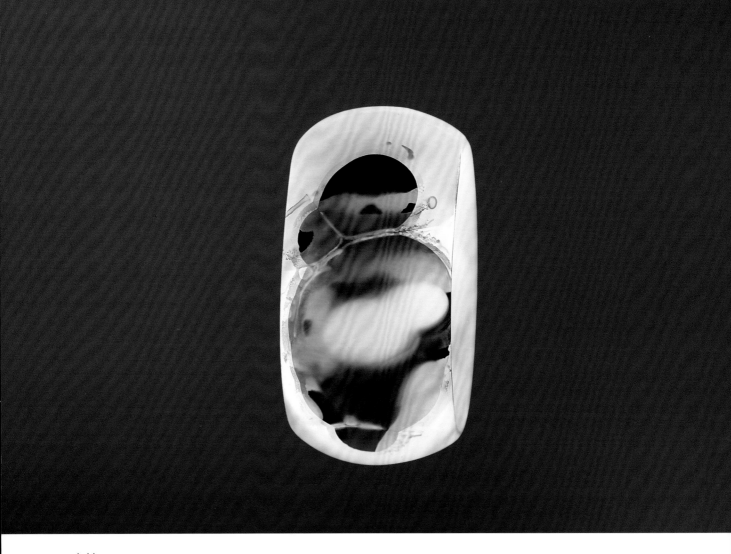

女娃 规格：55×32×8

风吹来童年的往事，密密的留海下，飘逸的心事长满了天空，你开
始陷入憧憬。而岁月，生动并无比灿烂着，成长的身影。

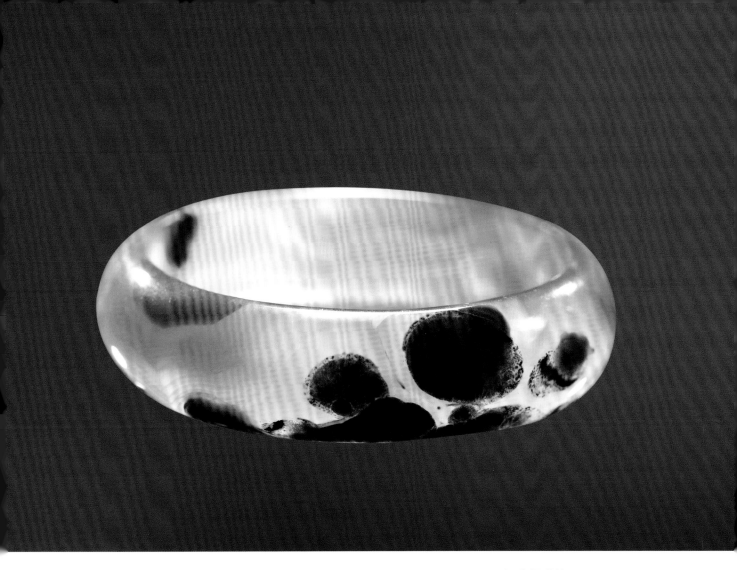

灯火阑珊处　规格：55×17×7

众里寻他千百度，暮然回首，那人却在，灯火阑珊处。

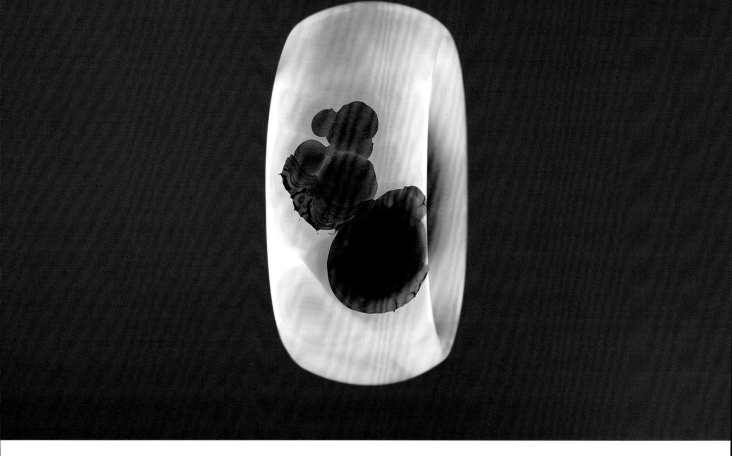

老妪 规格：63×33×10

多少人爱慕你年轻时的容颜，我却独爱你饱经风霜的脸。岁月的年轮，
记录下母爱的沉重与博大。

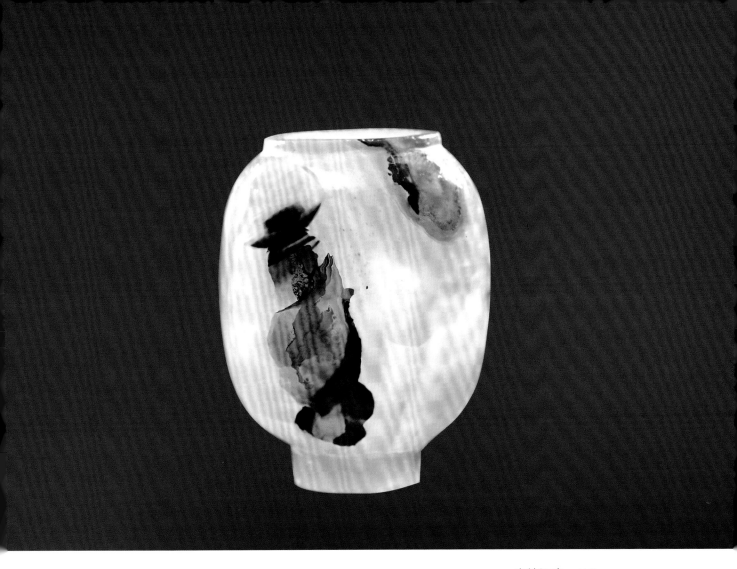

衣锦还乡　　规格：57×45×35

少小离家闯天涯，岁月留痕生白发。灯红酒绿通宵夜，商贾名流遍
天下。梦里高堂唤儿归，醒来风起雨交加。锦衣夜行来时路，老屋
不在难回家。

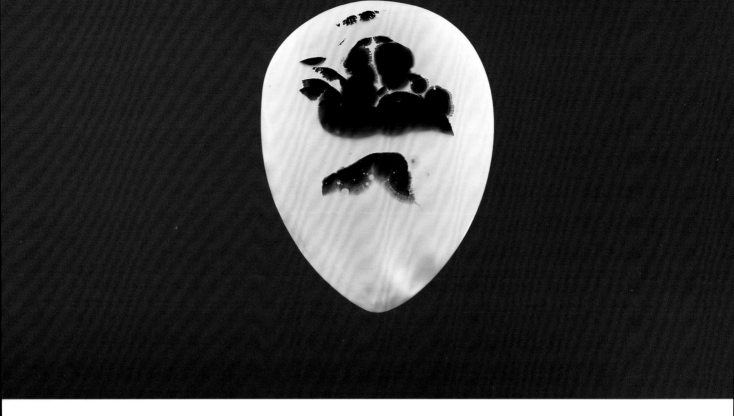

初恋　*规格：58×44×13*

头挨着头观天空云卷云舒，肩并着肩看流星忽隐忽现；相知，是心
灵的碰撞；相守，是郑重的誓言。

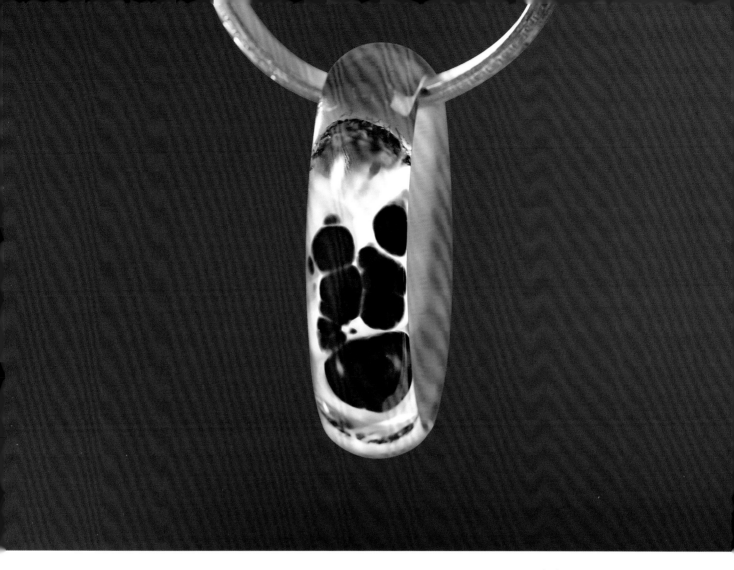

心事 　*规格：$58 \times 17 \times 6$*

如果有一天，我不小心伤害了你，请你一定一定原谅我的过失，不要让冰冷的对峙，化作一场无言的心事。

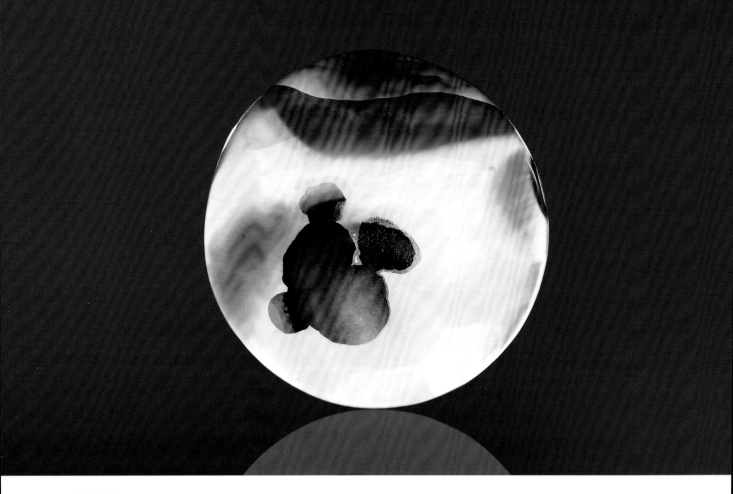

雪地等待　规格：39×39×4

若，让风停下，是否我的惆怅，也随之宁静。若，让雪停下，是否
我的思念，也随之消融。雪地里，我在期盼，他的身影。

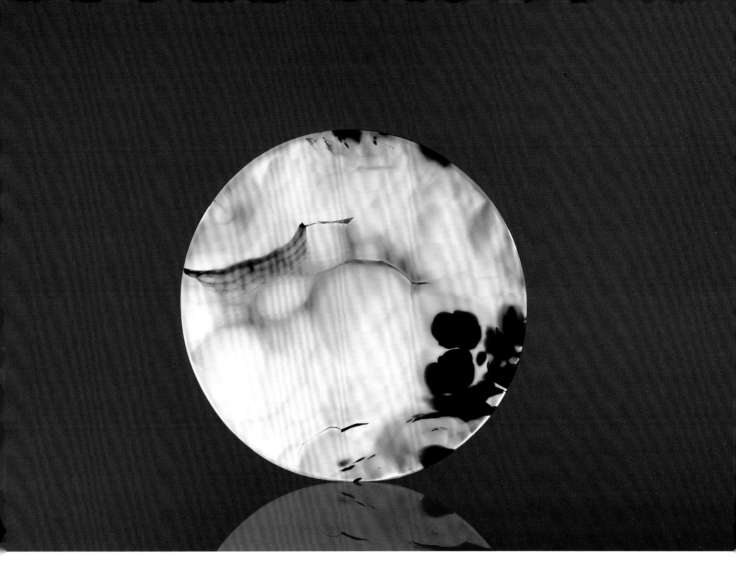

待渡　规格：$93 \times 93 \times 6$

十年修得同船渡，百年修得共枕眠。

——《中华圣贤经》

问天　　规格：48×48×9

佛是过来人，人是未来佛。精神超脱尘世之外，魂魄归于天地之间，
苍山负雪，浮生尽歇，命由己造，相由心生，左手是一个捻指的轮回，
右手是一生漫长的打坐。

佛在心中　　规格：$60 \times 58 \times 7$

一日修来一日功，一日不修一日空。真正修行在日常，佛道本在生活中。

笑看天下　规格：43×43×5

大肚能容，了却人间多少事；满腔欢喜，笑开天下古今愁。

莫道吾颠　规格：45×45×3

六十年来狼藉，东壁打倒西壁。于今收拾归去，依然水连天碧。

　　　　　　　　——济公活佛

佛顶　规格：58×19×6

不见佛主见佛顶，佛在心中自有形。慈悲为怀行善事，人生或缺亦
完整。

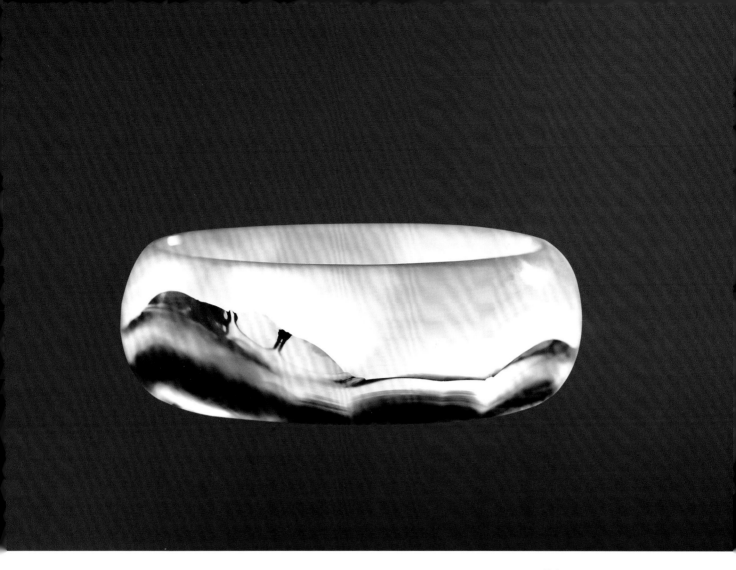

观音　规格：59×23×7

观音静卧不常有，大慈大悲心中留。千处祈求千处应，苦海甘作渡
人舟。

钟楼怪人　规格：94×94×4

他曾在博爱的圣光中立着受戒，却将于孤独的黑暗中跪着受死，他
粗鄙而卑微的手，敲响了悲惨世界最后的晚钟。钟楼怪人的胸腔，
似一团火在熠熠生光，那是蝼蚁般的生命也可以守望的信仰，即使
在这没有救赎的世上。

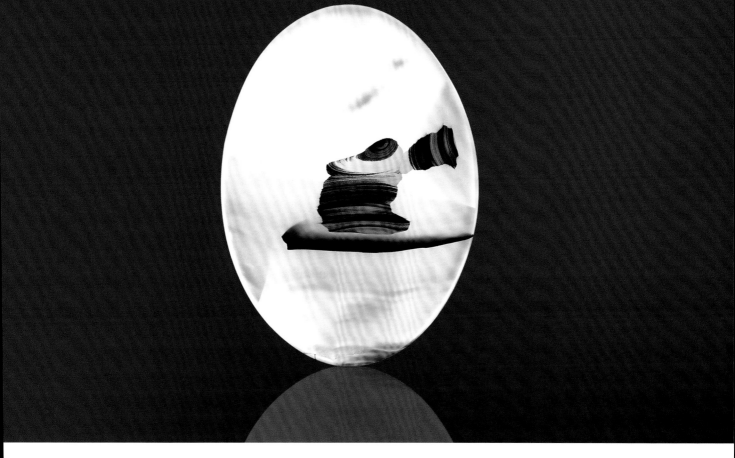

极地探险　规格：43×31×5

穿上厚厚的御寒衣，装上长长的远摄头，记录下环境变化冰雪融，
捕捉住漫漫长夜极光秀……

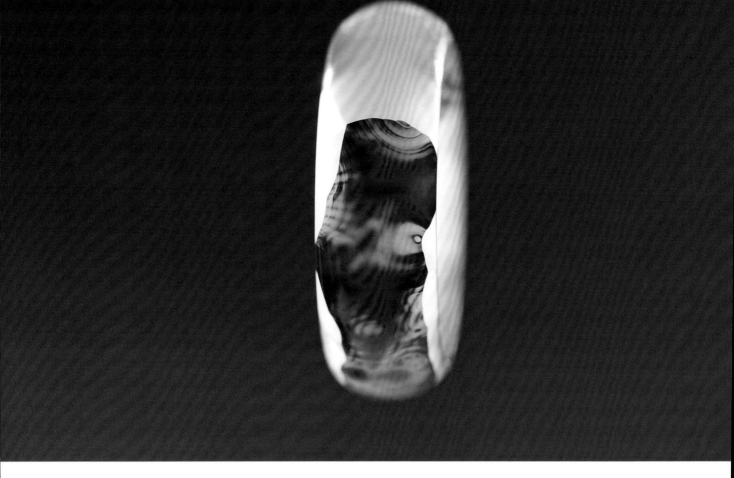

神秘耶利亚 *规格：$60 \times 23 \times 8$*

大漠深处，胡杨林见证着你马背上的神秘和风情。如果沧海枯了，

还有一滴泪，那是为你空等的，一千个轮回。

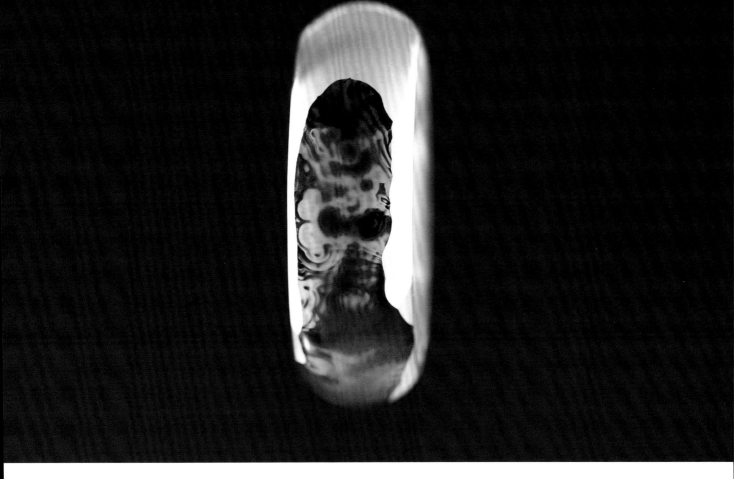

八卦 规格：60×23×8

先生通阴阳，罗盘指方向。和谐天地人，演绎气数象。谁肯早知道？
一生尽愁怅。

林冲雪夜上梁山　规格：55×20×6

一场大雪，掩不住人性的肮脏；一壶烈酒，温不热内心的苍凉；一
声怒吼，迸发出复仇的力量；一把大火，将所有的恩怨埋葬。走吧，
虽然脚步还有些踉跄，可是脊背，却挺得更直更坚强。

虎门销烟　规格：32×44×6

洋人杀人不用刀，鸦片成瘾万户萧。林公怒火惊虎门，热血沸腾胆气豪。

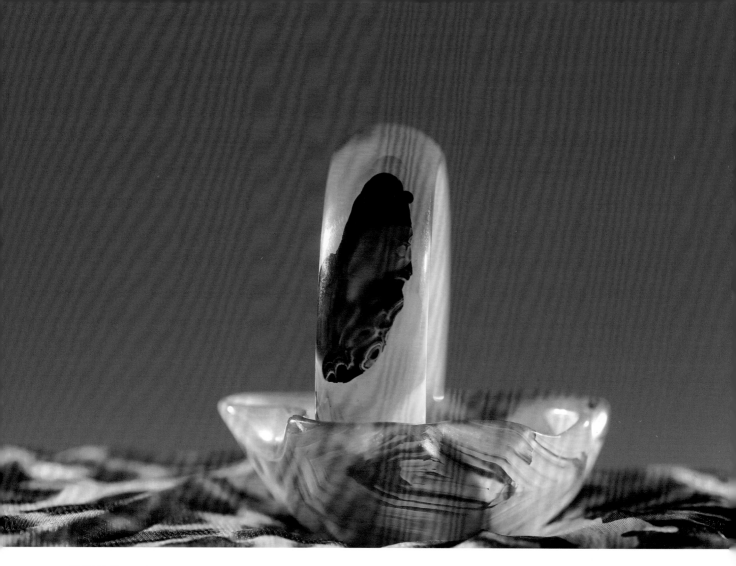

铁面包公　规格：56×18×5

　百姓常念包青天，铜铡不老寒光闪。除暴安良匡正义，清风纵贯天地间。

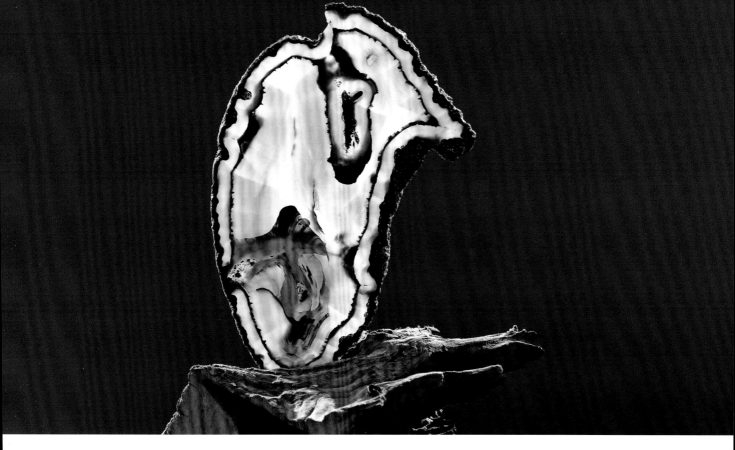

钟魁捉鬼　规格：160×105×5

终南山里有我家，人鬼皆知我姓啥。三尺宝剑论是非，一路飞雪醉梅花。

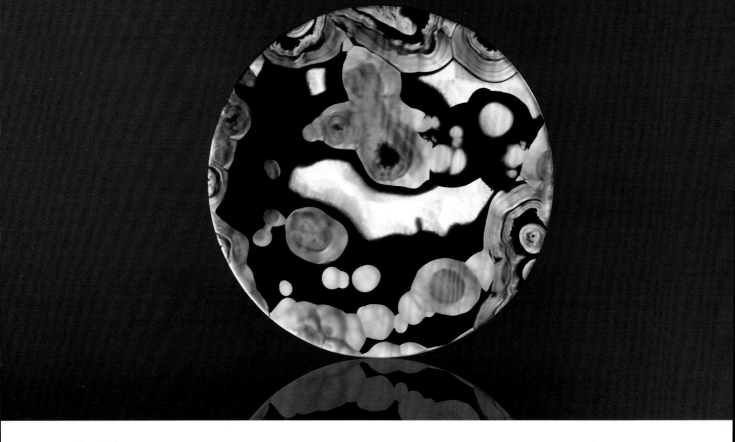

精卫填海　*规格：113×113×4*

炎帝有女名女娃，东海溺水未回家。魂魄化作精卫鸟，白喙红足头
顶花。誓言以石填苍海，日夜穿梭西山下。志鸟无畏轻狂澜，千秋
万代传佳话。

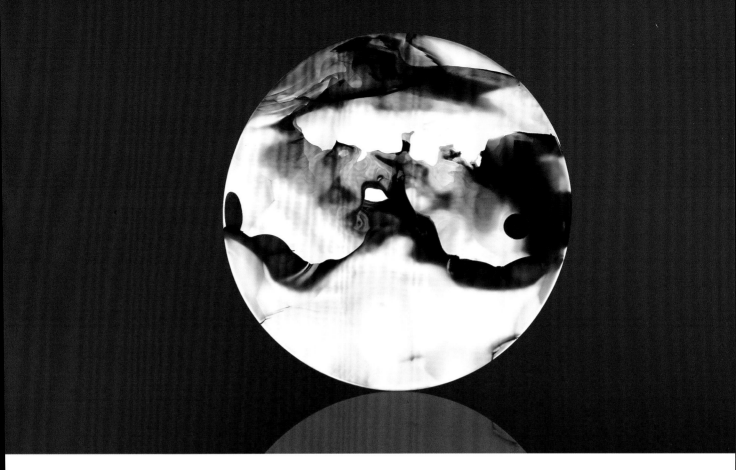

浴火重生　规格：$90 \times 90 \times 5$

万方国里火凤凰，沙漠深处是家乡。恩怨情仇五百年，烈火熊熊一
扫光。待到浴火重生时，红羽翩翩化吉祥。

盘古开天　规格：74×57×4

太古混沌形如卵，孕育盘古数万年。一朝醒来松筋骨，巨斧一挥天

地宽。

女娲补天　规格：112×112×4

自古水火不相融，共工不周破天擎。女娲炼石补苍天，劫难一过万
物兴。

郑和下西洋　　*规格：74×74×5*

郑和圆梦下西洋，智慧为舵风为桨。月牵沧海云帆耸，浪系天涯纽带长。

只识弯弓射大雕　　规格：94×94×4

一代天骄，成吉思汗，只识弯弓射大雕。

——毛泽东

物竞天择

Animals

那条腾飞的巨龙，承载炎黄子孙多少美好的梦想；那头冬眠的小熊，舒展着筋骨，惊喜地嗅到第一缕春阳；那群春归的燕子，在屋檐下衔泥筑巢，内心充满了无限的向往；那尾欢快的红鱼，送来了多少美丽的祝愿和吉祥。每个生命都是一个不朽的传奇，每个传奇背后，都有一段精彩的故事。

敬畏生命，和谐相处，保护它们，就是保护我们自己。

中华龙　　规格：62×23×7

你从远古走来，神秘莫测，变幻无穷。你超越了部落和种族，成为
炎黄子孙不变的图腾。

百鸟朝凤　规格：60×50×28

凤鸟扶摇九千里，背负青天虹为翼。东北飞向苍梧山，百鸟齐鸣紧相随。

威龙　*规格：37×49×6*

古有叶公最好龙，雕梁画栋皆龙形。神龙见首不见尾，玛瑙对窗云
龙腾。

龙王鉴宝　　*规格：105×105×5*

龙宫海藏不可估，久闻百宝无一睹。坚如磐石润如脂，彤光熠熠似玄珠。

恐龙　规格：69×62×36

这个蓝色的星球，历经了太多的灾难。当尘埃落定，烟消云散，一

块来自白垩纪的石头，留下了一个又一个解不开的谜团。

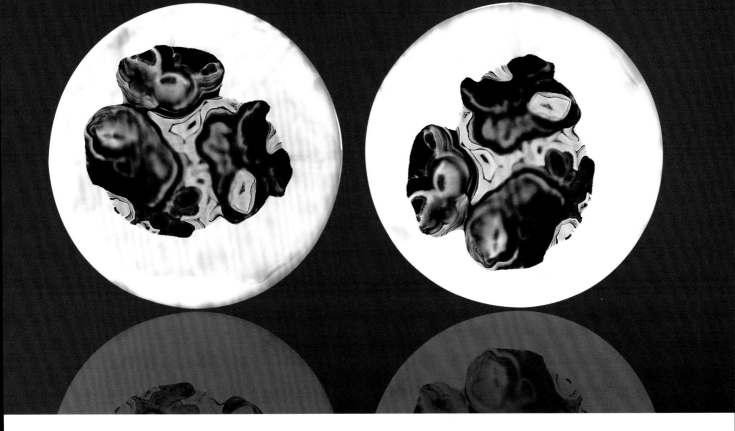

母爱　畅快　规格：$51 \times 51 \times 5$

母爱是血与脉相通相融，犹如温暖的春风，用希望吹绿无垠的大地，
宛若雨后的云霞，把梦想写在高高的天际。

太多的笑，让我忘了忧愁和烦恼，一颗年轻的心啊，永远不老。

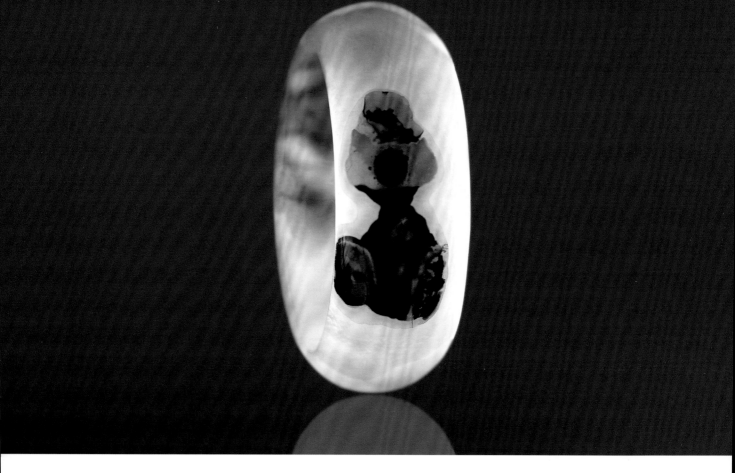

萌熊　*规格：60×27×9*

刚刚离开妈妈的怀抱，在山林里踽踽独行，周围的一切都是那么陌生。

累了，就坐地上看山花争艳，鸟兽争鸣，你们的意思我不懂。

王者归来 *规格：75×48×25*

看得见的，是我外表的坚强；看不见的，是我内心的忧伤。随风而起的，
是铁蹄下追逐的梦想；伴花而落的，是等待中无尽的迷惘。

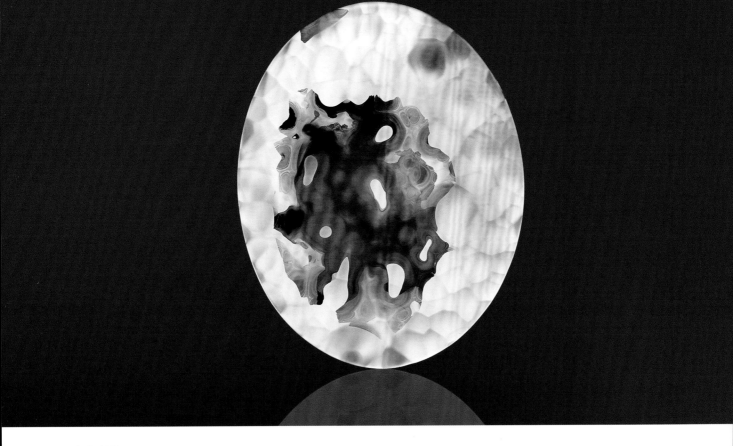

滇金丝猴　*规格：130×105×6*

你欢腾在大西南的雪线云海，嘴巴胜过时尚女人红唇粉黛。你濒临
灭绝，贫困和愚昧，让猎手把你的骨头当成一捆廉价的药材。悲哉！
失去的何时才会再来。

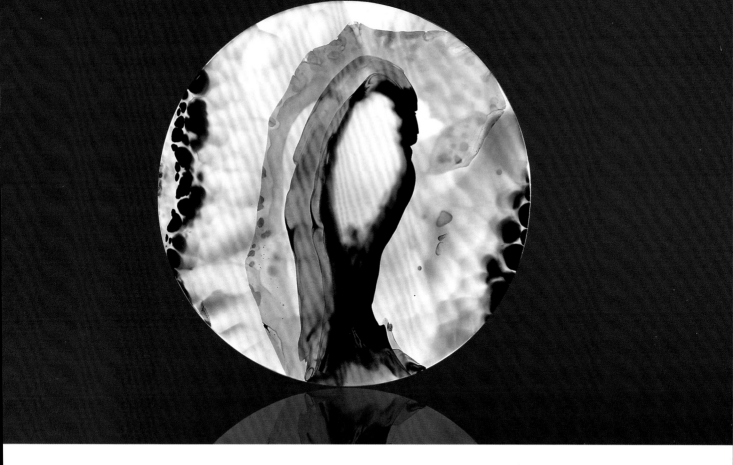

棕发雪人　　*规格：*107 × 107 × 5

身材魁伟棕色毛发，生活在山高林密的神农架。还有一支表亲，在白雪皑皑的喜玛拉雅。人类蔑称我们是野人、雪人、大脚怪，我们怎能和人类亲如一家？只能让他们看到我们的脚印有多大！

攀树的猴子 *规格：65×22×9*

站在高高的树冠，警惕突然的危险。庇佑妻儿的平安，厮守最后的
家园。

远古的诉说 规格：38×26×4

远古很荒蛮，处处都面临生死的考验。疾病、洪水和猛兽，还有部落间的杀戮与混战。有时我怀疑，手持棍棒、利石的人类，有没有更好的明天？

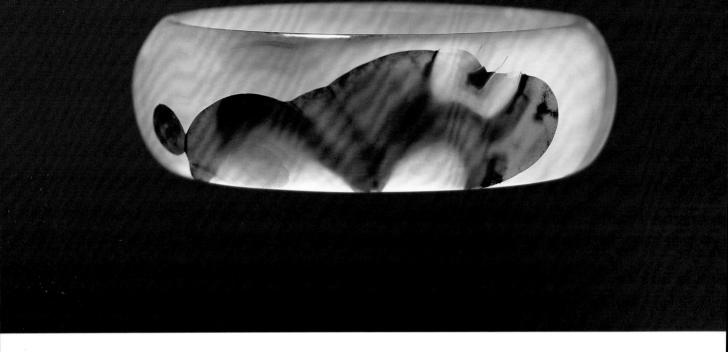

雄狒狒　　*规格：61×22×8*

可以痛苦，不可以彷徨；可以哭泣，不可以躲藏。是男人，注定了
要选择坚强。生命是一个漫长的过程，每一段路程都要自己丈量，
每一杯雨露都要自己品尝。

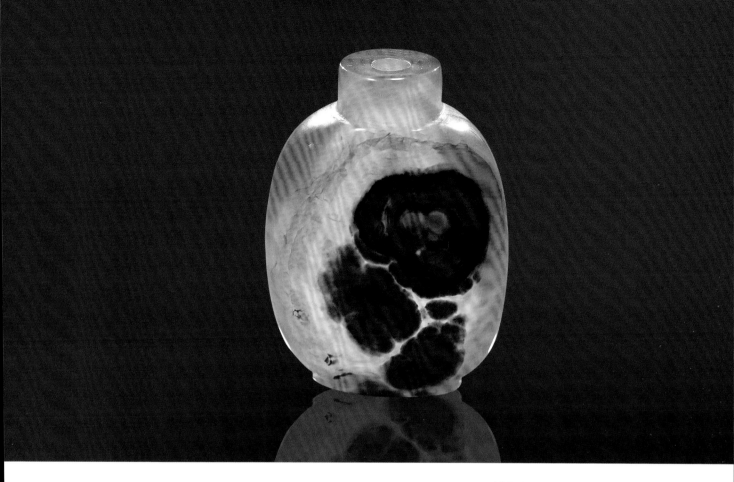

愤怒的猩猩 *规格：66×49×29*

我很愤怒，因为人类砍伐了我们赖以生存的大树，开垦了本属于我们的疆土。同伴们不是饥饿而死，就是被人掠走，从此走上不归路。我很愤怒！

白狐　规格：$80 \times 76 \times 6$

今宵月昏风清冷，泪眼迷离百愁生。几回梦里伴君侧，陋室青灯照
温情。飘飘衣袂凌寒水，幽幽琴韵叹孤影。何时再踏红尘路，一生
共度人狐梦。

梦幻小鹿　　*规格：*$56 \times 38 \times 5$

草原上飞奔着你轻盈的身影，森林里传出你曼妙的叫声，你就是这
童话王国里的精灵。你就是大自然送给人类的诗意的象征。

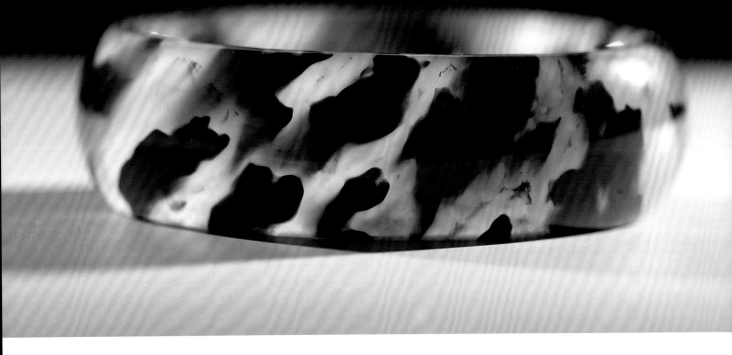

雪地狼群　　*规格：58×21×9*

为了祖先自由的理想，狂奔在冰冷的雪地上。为了生存，东躲西藏，
提防着猎人的追踪和他们手中的猎枪；有时也扑向圈舍里的羊，但
从来都没把羊皮披在身上。

迁徙　规格：38×48×4

六月的可可西里，冰雪还未消融。你，雪域高原上的精灵，从栖息
地向着遥远的卓乃湖迁徙。一路翻山越岭，风雨兼程，刚刚躲过群
狼的围攻，却又听到盗猎者的枪声。一个待产的母亲倒下了，千万
个母亲继续前行……

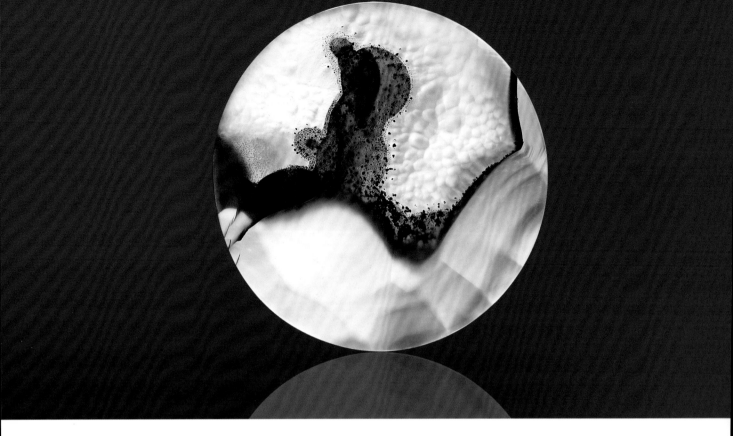

鼹鼠　规格：67×67×4

像一个顽皮的孩子，开心了会咯咯地笑，伤心了会嘤嘤地哭。洞穴
通往梦想的远方，就像多少次站在洞口处眺望。

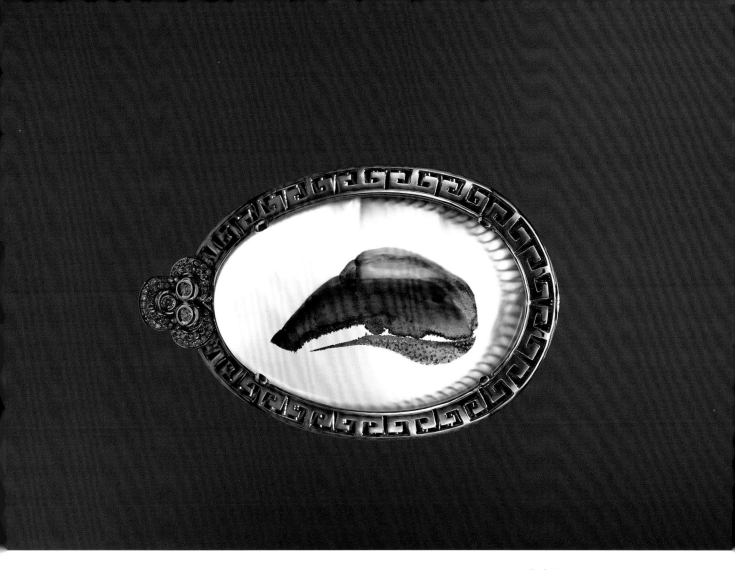

穿山甲　*规格：37 × 55 × 9*

昼伏夜出，不曾把你惊扰，以蚁裹腹，不曾与你争食。坚固的铠甲不含对你的敌意，长长的鼻吻未作伤你的利器。我谦卑到尘埃里，却依然成为你的饕餮。

鸭嘴兽 规格：63×24×7

倦了么，那就停下匆匆的脚步，听一听小河的水流，看一看云彩的
驻足。

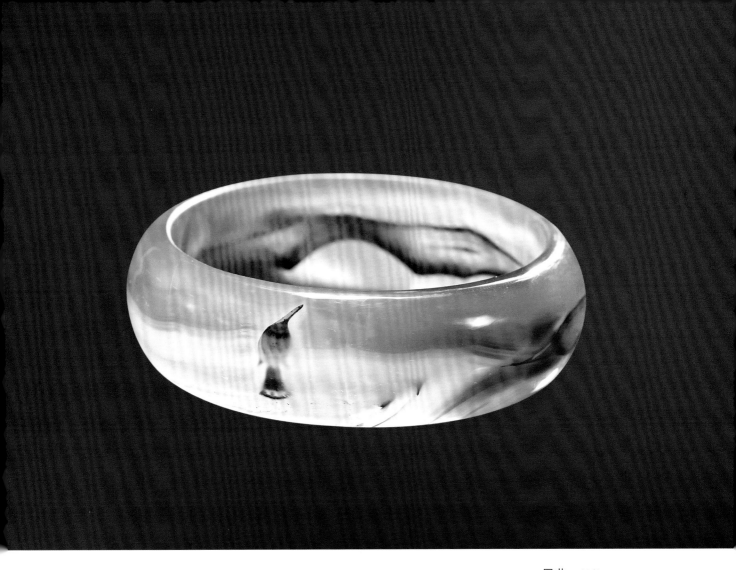

晨曲　规格：$61 \times 22 \times 8$

清晨，我才刚刚从睡梦中苏醒，你就迫不及待，在我的窗前啁鸣。
是在告诉我，今天的太阳真好，还是告诉我，早晨的空气多么洁净？
来吧，我可爱的精灵，快和我一起打捞，昨夜遗失的心情。

孔雀开屏 *规格：80×75×20*

一直构思着那个精彩的邂逅。一个回眸，便抖开了五彩斑斓，只在

一瞬间，你的美丽就迷住了我的双眼。

朱鹮　规格：185×170×5

身披洁白的羽衣，徜徉在湖边湿地。我从未见过真实的你，但在想象里，你的美丽却是如此清晰。你是东方的瑰宝，更是人类呵护的传奇。

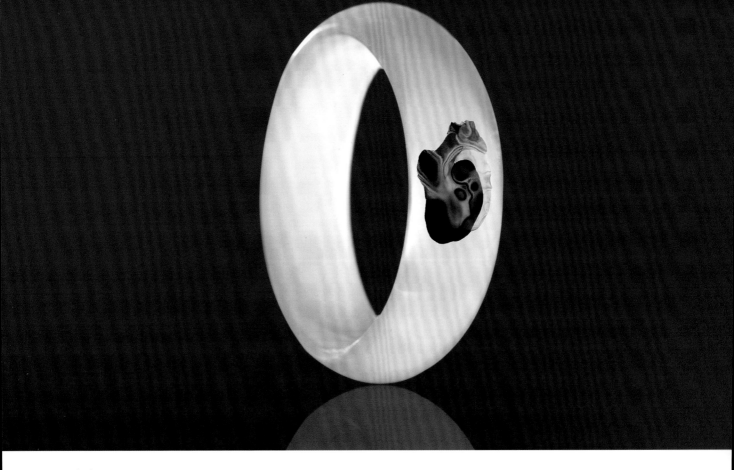

出壳 规格：62×21×8

打破禁锢，获得生命。挣脱束缚，获得自由。

天鹅之死　规格：$43 \times 43 \times 5$

皎洁的月光下，黑天鹅身负重伤。她在宁静的湖面上挣扎、徜徉，
奋力地飞向天空，却又重重地摔在地上。直到渐渐合上双眼，依然
流露出对爱的眷恋和生的渴望。

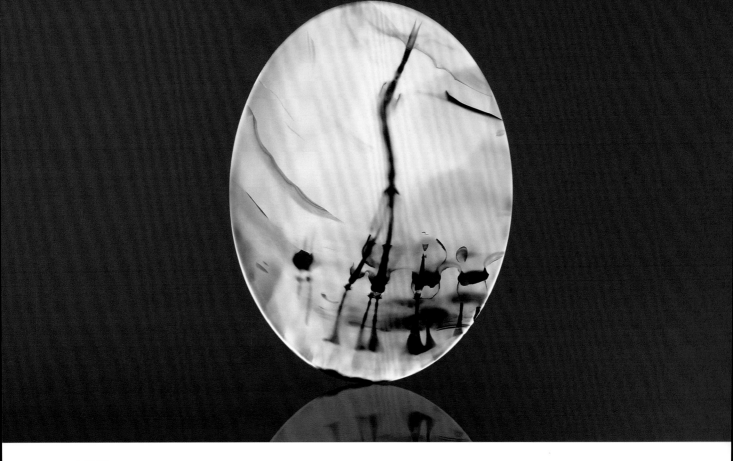

火烈鸟　　*规格：119×92×5*

一束束跳动的火焰，沸腾了湖水，点燃了蓝天。伸展的翅膀是

　　对爱的拥抱，悠扬的歌声是对爱的礼赞。

引吭 *规格：74×39×7*

仙风道骨白衣裳，夫唱妇随不相忘。步态规矩形自尊，翩翩君
子墨留香。

双鹤共舞 　规格：62×25×8

一片朦胧的夕光，透着黄昏的云影。两只仙鹤，在雾雨中相逢，交
颈齐鸣，缠绵起舞，多少相思和别愁，都在这一刻消融。看那红色
的彩练，翩若飞舞的彩虹。

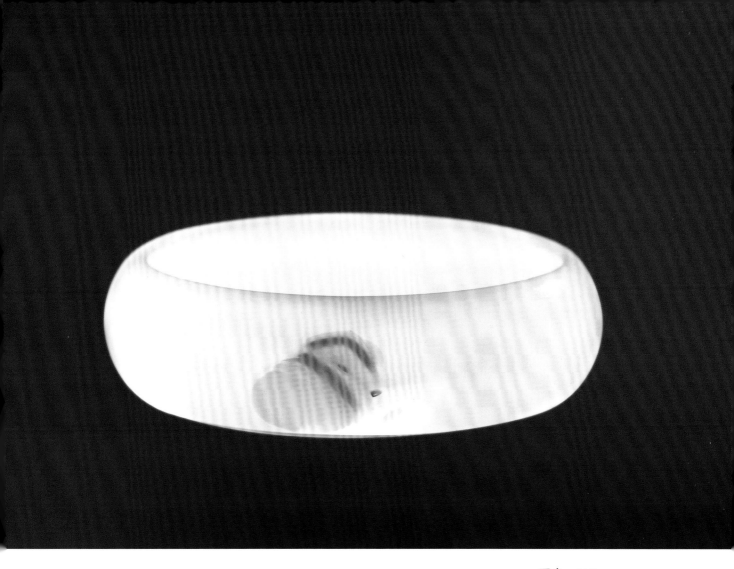

觅食　规格：68×22×9

嫩黄的绒毛，蹒跚的步履。寻找到第一粒粮食，便有了成长的开始。　113

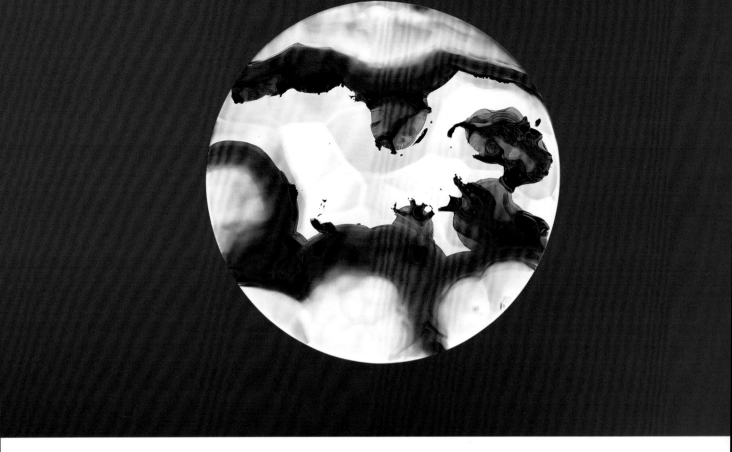

嗷嗷待哺　规格：80×80×5

劝君莫打三春鸟，子在巢中盼母归。

　　　　　　　　　　——唐·白居易

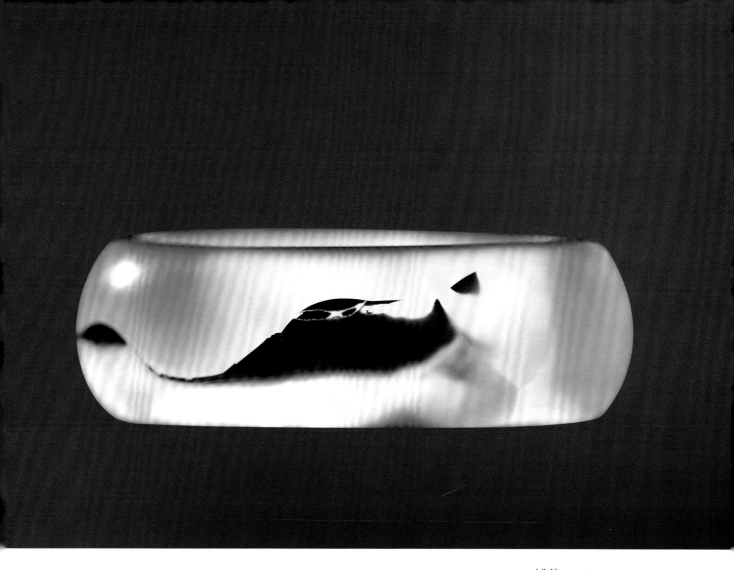

捕获　规格：56×22×8

你，张开温暖的翅膀，急切地想要将我捕获。我，不做挣扎，心甘
情愿坠入你的爱河。

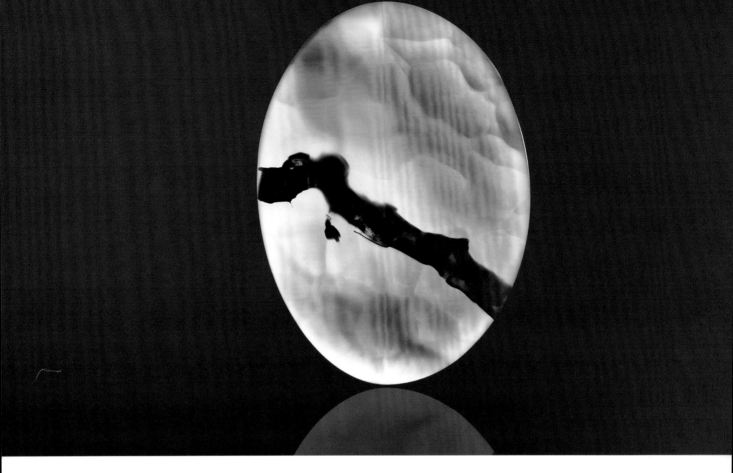

小鸟衔枝 规格：52×38×5

我喜欢出发，哪怕每一次，只衔回细小的枝丫。我喜欢出发，

哪怕每一次，路途总是风雨交加。我义无反顾，只为筑成我的家。

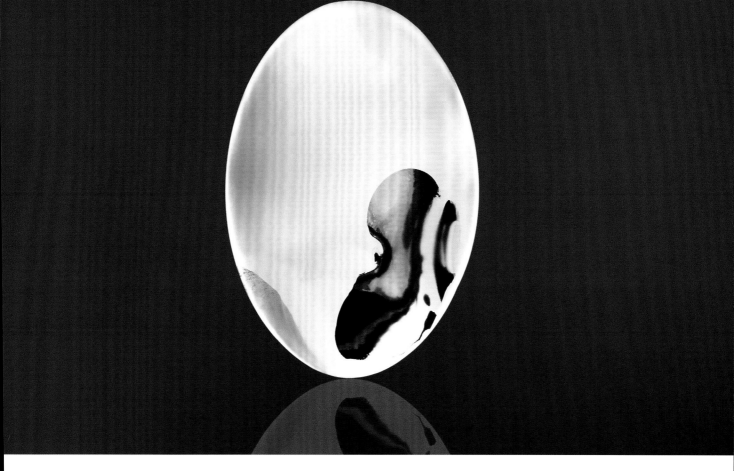

鸿福　　*规格*：$40 \times 28 \times 5$

明清蝠寓福，连蝠好彩头。红蝠常齐天，五蝠皆捧寿。

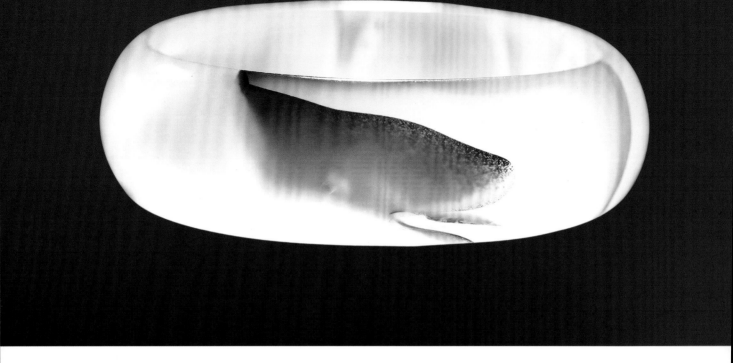

金蛇出洞　*规格：$60 \times 20 \times 8$*

是什么吸引了你，让你急切地想要离洞而去。是流连西湖碧波涟漪，还是眷恋人间红尘气息？如今生遇真情，我也要爱他个惊天动地。

长寿龟　　*规格：$58 \times 22 \times 8$*

草龟悠悠岁月长，历览古来与今往。火灼龟甲卜凶吉，寺庙清池放生忙。

狡兔行　　规格：105×105×4

秋来无骨肥，鹰犬偏原野。草中三穴无处藏，何况平田无穴者。

　　　　　　　　　　　　　　　　　　　　——唐·苏拯

兔与鹰　规格：$66 \times 61 \times 6$

鹰在天空盘旋，兔在地上逃难。弱者的聪明源于强者的傲慢，兔，
未必是鹰的晚餐。

121

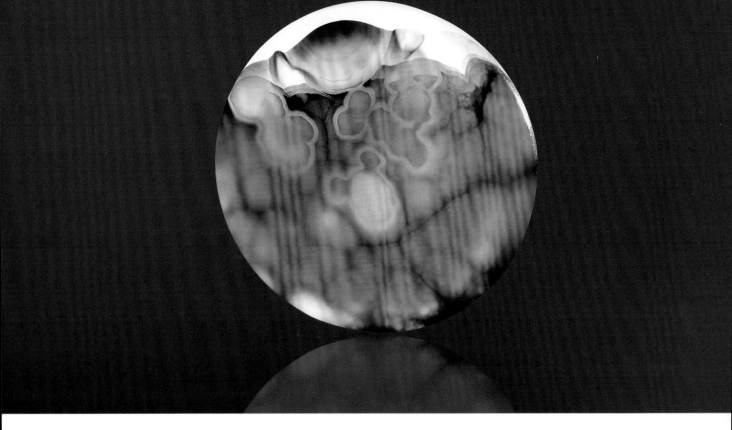

海龟 规格：48×48×12

海龟不辞辛苦游回出生地，把卵产在沙滩里。小生命会在这里破壳

而出，奋力向大海奔去，因为在它们的基因里早已写入了逃生的程序。

此刻，海滩上正聚集着天敌，它们的速度决定生与死。

青鲤　规格：$61 \times 22 \times 8$

天地造就了不同的生命形式，你就是以这种形式展示着生命的魅力。

你将在谁的玉腕上寻寻觅觅，又将给谁带去财富和运气？

鲤鱼跃龙门 规格：58×41×4

红鱼水上飞，财运紧相随。有缘见此物，人生能几回？

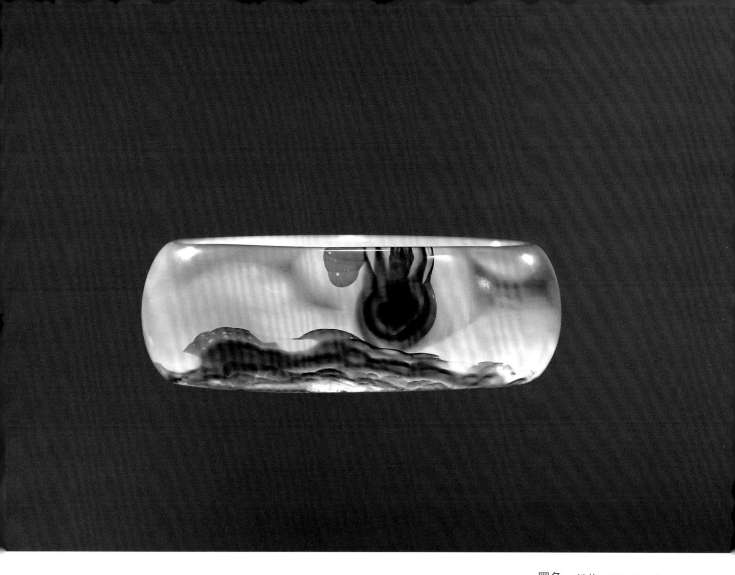

墨鱼 *规格：58×23×8*

像海底世界的幽灵，像徐徐燃烧的火焰。那张狂的触手如同一条条
锁链，把猎物的命运紧锁在股掌之间。

海马　规格：22×61×4

　父爱如影随形，安放怀里，记挂心中。

小丑鱼　规格：58×21×7

其实我不丑，我的颜色装点着大海，游人最爱看我在海葵里走秀。
其实我不丑，我是动漫电影界名流，一部《海底总动员》，让全世
界的影迷看都看不够。

美人鱼 规格：54×54×4

是海上散落的点点渔火，是水面漂浮的粒粒泡沫。传说美人鱼没有
灵魂，但在安徒生的童话里，人鱼公主却有着至死不渝的爱情信仰，
和以身殉爱的永恒守望。

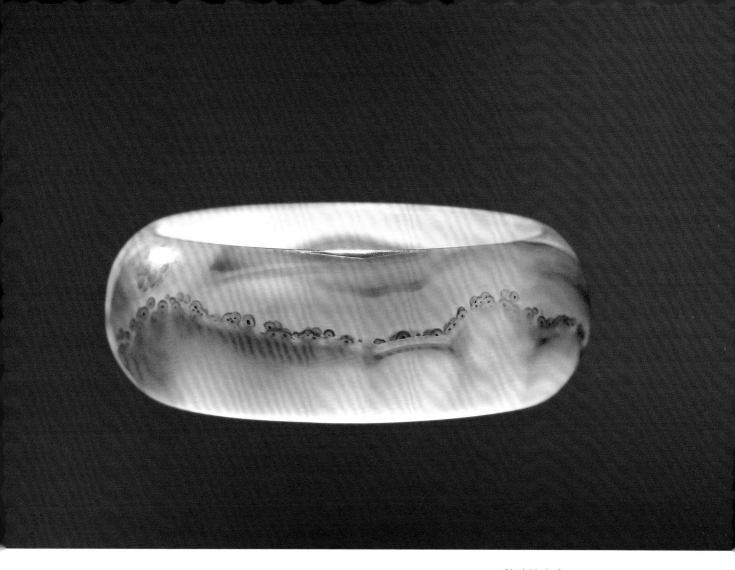

萌动的生命　　*规格：$60 \times 25 \times 9$*

一粒粒透明的鱼卵，在水中连成一片，随波逐流，四处飘散。据说那些黑色斑点，就是一个个鱼儿的双眼。是否，在卵中便可看清大海的狂澜。

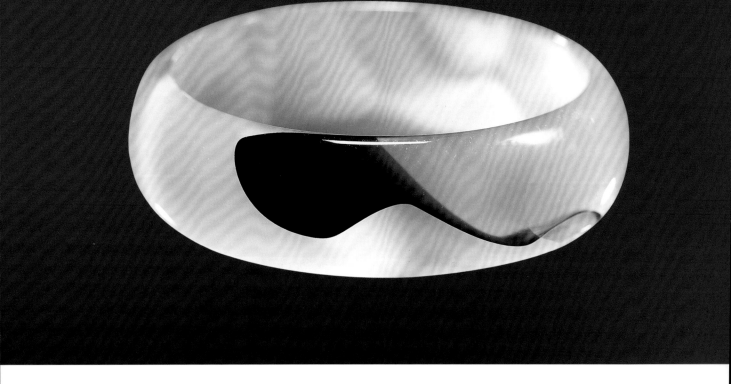

蝌蚪　规格：$60 \times 20 \times 7$

只有甩掉尾巴才能蜕变长大，蝌蚪知道，这是属于它们成长的代价。

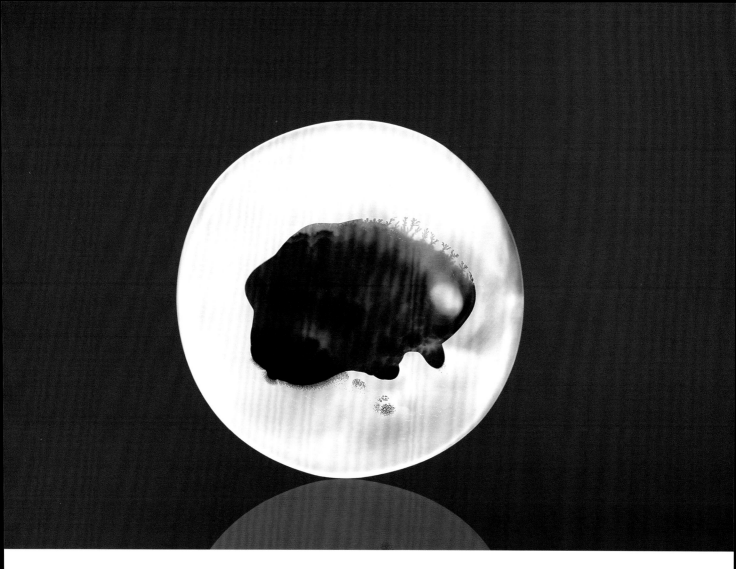

扇贝　*规格：* $35 \times 35 \times 3$

经历过痛苦，才能孕育出美丽的珍珠。

蜗牛 规格：61×28×11

梦想能到达的地方，总有一天，脚步也能到达。

海豚　*规格：79×60×20*

你从海上跋涉而来，盈盈一跃，又逐浪而去，把自由的颂歌写进碧波里。

鳄鱼的眼睛　规格：62×18×7

　那是一双贪婪的、无情的眼睛。潜伏在水里，恨不能把眼睛举过头顶。

冰原之恋　规格：58×19×8

有你，我便不怕冰雪世界漫漫长夜。有你，我便不怕觅食路上疾风骤雪……

猪之梦　规格：60×25×8

　金猪插上翅膀，在天地间翱翔，似乎在寻找落脚的地方。

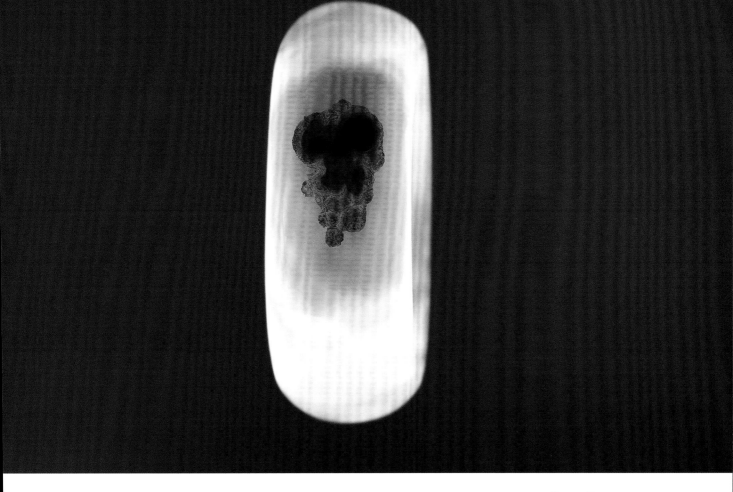

牛　规格：61×26×9

暮归的老牛，踱过那片熟悉的田野，慢条斯理的泥脚，丈量着收获后的喜悦。

斗牛　规格：68×68×4

西班牙斗牛场上，人们尽情地呐喊。勇敢的斗牛士手持长矛、花镖

和利剑，一次次把公牛逼到死亡的边缘。红色的斗篷，优雅地躲闪，

　古老的斗牛永远都是生与死的狂欢。

战马　规格：59×17×9

不甘伏枥志千里，雄兵远征奋劲蹄。将军浴血染盔甲，一声嘶鸣风
沙起。

羊 规格：$63 \times 20 \times 7$

我愿做一只小羊，跟着草原上那个放牧的小姑娘，我愿让她用细细
的皮鞭，轻轻打在我身上。

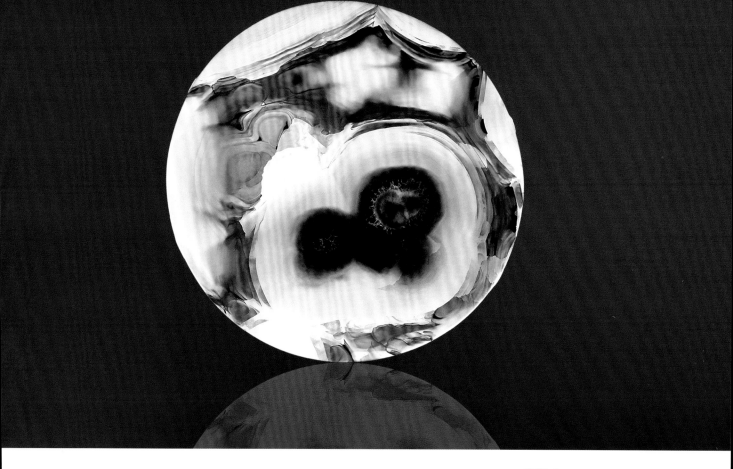

松狮犬　规格：66×66×4

你是我最忠实的伴侣，人来人往，你总能捕捉到我的气息，花开花落，
你总能感知我心中的秘密。就让我们一同随时光老去，彼此深藏美
好的回忆。

蜀犬吠日　*规格：90×56×47*

古时蜀南多雨烟，天云地雾密相连。一朝太阳凌空照，犬吠终日心

不甘。

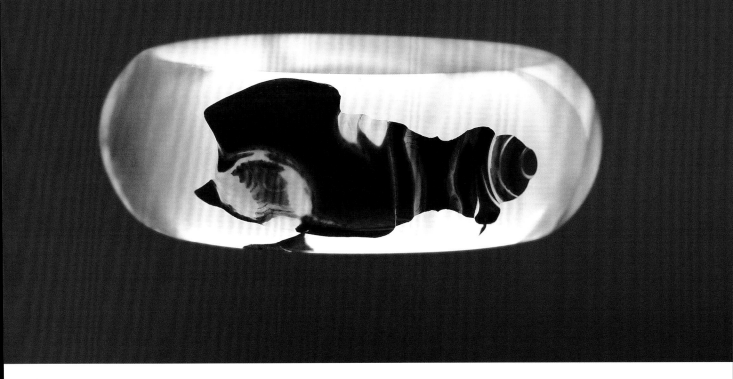

痛失家园　　*规格*：$60 \times 25 \times 9$

不知道自己是谁，从何处来往何处去。家园是一片废墟，黑夜里独自伤心落泪。

春江水暖　　*规格：43×38×18*

竹外桃花三两枝，春江水暖鸭先知。蒌蒿满地芦芽短，正是河豚欲
上时。

　　　　　　　　　　　　　　　　　　　　——宋·苏轼

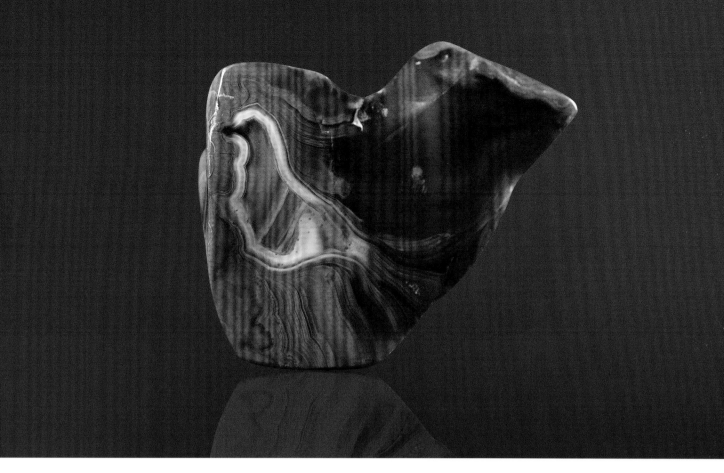

和平使者　规格：$36 \times 43 \times 26$

时刻不忘自己的故乡，那里有妻儿的等待，那里有鸽群的吟唱。即使在千里之外，也要朝着家的方向振翅飞翔。崇山峻岭，雨雪风霜，都无法改变心中的向往。

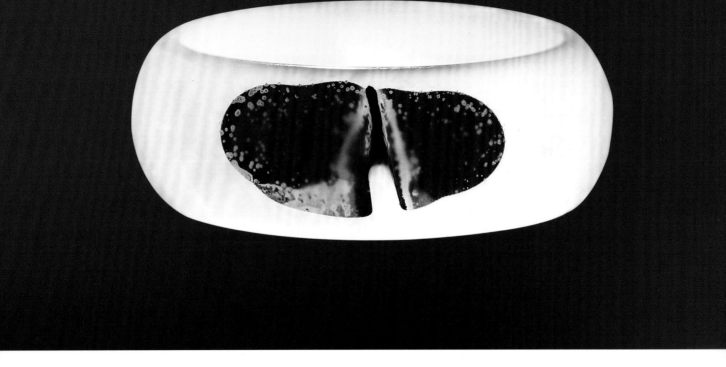

蝶恋花　　*规格：60×26×9*

每一只蝴蝶都是一朵花的灵魂，在花丛中追逐、嬉戏，只为寻找着

前生的自己。

蜜蜂　*规格：* $55 \times 41 \times 10$

采得百花成蜜后，为谁辛苦为谁甜。

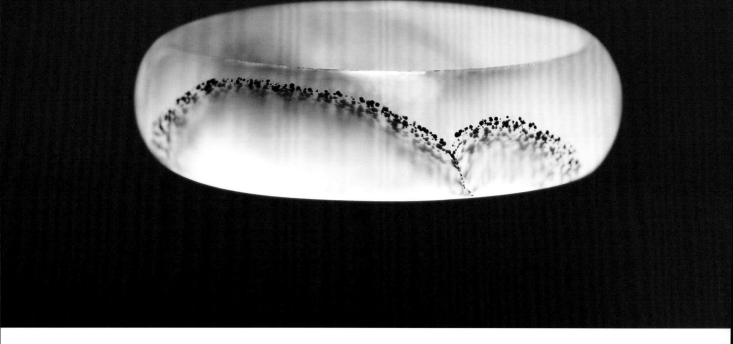

蚂蚁　规格：55×16×5

你和恐龙一样古老，却没有步入灭绝的后尘。你团结协作，共同改
变着集体的命运。你建立起庞大的帝国，使人类不忘"千里之堤，
毁于蚁穴"的祖训。

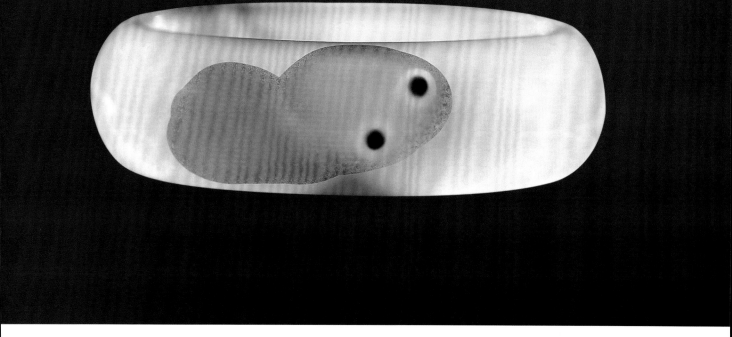

春蚕 *规格：57×20×8*

很长很长，默默地倾吐，用丝丝温柔把心绕住。蜷缩在透明的茧屋，
让爱珍藏在绵软的深处。 即使有一天破茧而出，飞走的也是转世的
幸福。

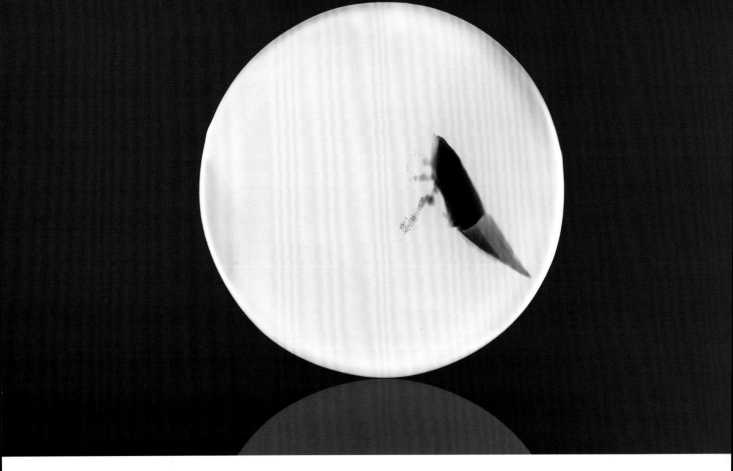

一鸣惊人　　*规格：* $40 \times 40 \times 6$

一声蝉鸣，惊醒了炎热夏梦；一阵清风，撩动了碧荷的风情；一群蜻蜓，
　　捎来了雨后土腥。闭上眼，仿佛听到家乡的小河水流淙淙。

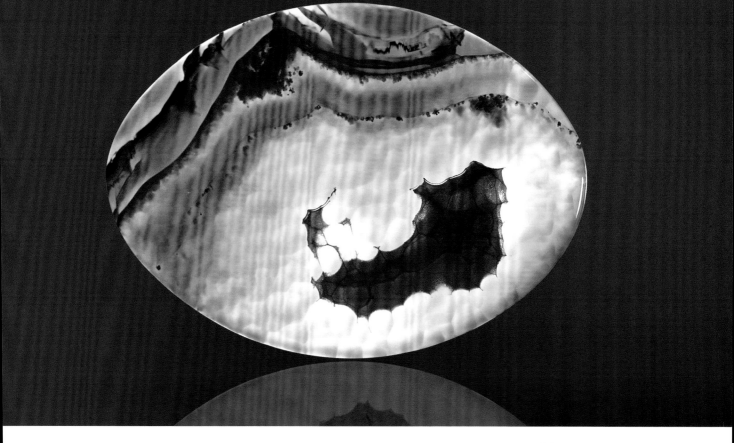

贪婪　　*规格：52×58×4*

贪婪的背后大凡有血的教训，甚至要付出生命的代价。　151

春华秋实

Plants

你是一枝寒梅，在飞雪中绽放，自守着一份圣洁和芬芳；
你是一株秋草，时光改变了青葱的颜色，却掩不住记忆
里温暖的阳光；你是一束玫瑰，盛满爱情的芬芒，在流
光的晨曦中含苞怒放。

和你温柔地对视，我看到你生命的孤独、坚韧、顽强和
美丽，一瓣花、一叶草，都是一个奇迹。

凌寒独自开　　*规格：43×43×9*

一剪寒梅，静静地开在皑皑雪地里，演绎着圣洁而恬淡的美丽。仿

佛要吐尽一世芬芳，来换取一段醉心的往事。

爱的馈赠 *规格*：$64 \times 45 \times 4$

草木知春已发芽，心潮涌动急挥洒。街头买断红玫瑰，闺房留
香百合花。公园酒吧路灯下，窃窃私语诉情话。

蒹葭苍苍　规格：60×22×8

可是秋天来了，遍地的草儿已枯黄。岁月黯淡了青葱的向往，却掩
不住记忆里温暖的阳光。于是，这一抹倔强的枯黄，竟也变得如此
多情和忧伤。如相思，绵延起伏，恣意疯长。

春之声　规格：56×52×9

如果你是浅海里那尾游来游去的鱼，我就是那株黯然起舞的海藻，
你看不见我水一样的眼睛，流着无尽的寂寥。你可以游进幽深的海底，
却永远不能游进我的心里，如同你永远不懂我摇曳着的美丽。

郁金香　规格：62×27×9

一株金色的郁金香，盛满岁月的情怀，盛满爱情的芬芳，在流光的晨曦中，含苞怒放。看那湖边的垂柳，也止不住心旌荡漾，争相为她，一诉衷肠。

舞动　规格：$32 \times 31 \times 6$

水草舞动翅膀为生长，昆虫舞动翅膀为飞翔，天使舞动翅膀为实现
人们美好的愿望。

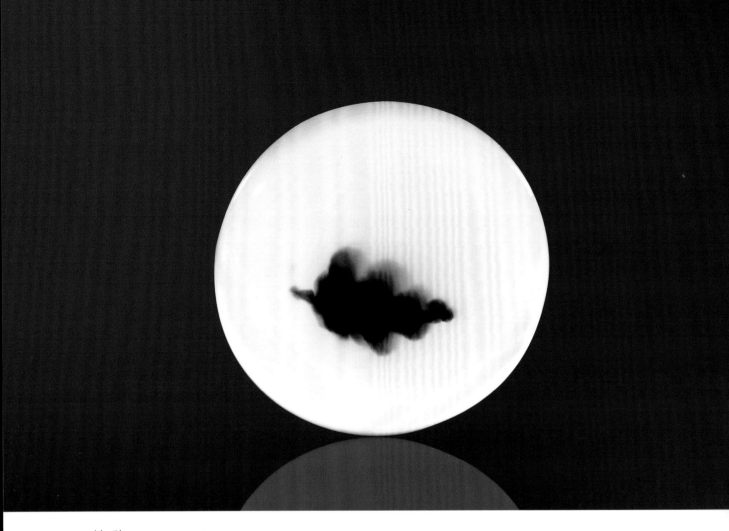

一叶知秋 规格：$23 \times 23 \times 7$

　一叶落而知秋，一念生而心静。

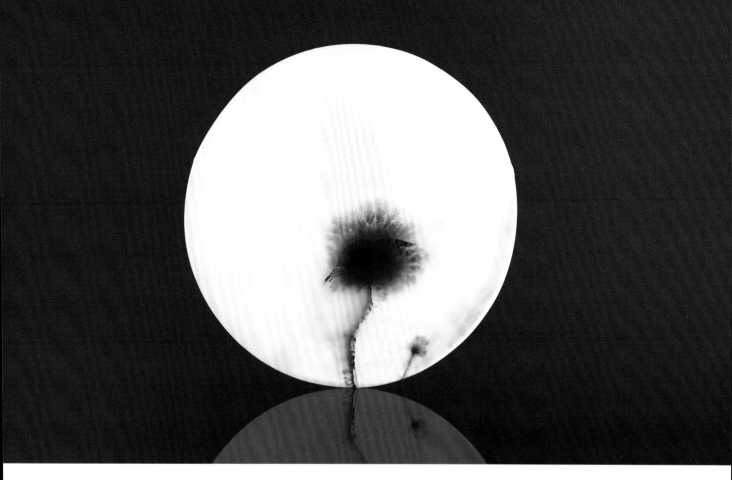

蒲公英　规格：44×44×6

你若盛开，清风自来。　161

仙人球　规格：55×25×6

你生长在墨西哥沙漠，顽强而又带刺的性格，饱受炽热和干旱的折磨。

因环境恶劣你面容枯槁，一旦天降甘霖，你便生机勃勃，开放出绚
丽的花朵。

小白杨　　规格：55×19×6

那年，我脱下军装回故乡，一颗火热的心仍牵挂着边防。哨所是否还是那个哨所，营房是否还是那座营房，亲手种下的小杨树是否依然苗壮。

情侣松　规格：54×11×11

我一直在长途跋涉，不远万里寻找自己的彼岸，却在不经意间发现，

原来，你，就是我的彼岸。

菊舞　*规格*：$58 \times 20 \times 6$

采菊东篱下，悠然见南山。

——晋·陶渊明

菊花引　规格：55×79×23

　花开似海，相思成灾。

向往　规格：$32 \times 60 \times 6$

青春若无梦想，精彩何处绽放？努力拼搏，去实现人生的梦想，就
像无名的花草，高举着臂膀触摸阳光。

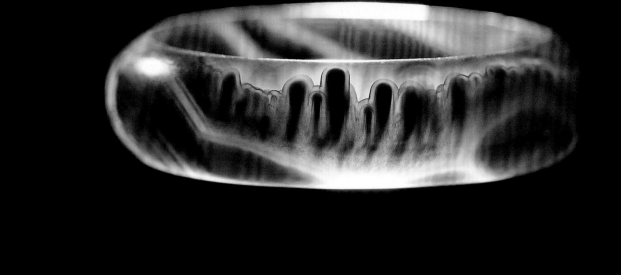

雨后　　规格：56×17×17

天街小雨润如酥，草色遥看近却无。最是一年春好处，绝胜烟柳满
皇都。

——唐·韩愈

千年人参 规格：59×42×4

黑暗冷寂的日子，你默默陪伴我身旁，聆听我的呼吸，细数我的忧
伤，分享我的快乐，见证我的坚强。感谢有你，伴我走过岁月的迷惘。
这是泥土对根的情意，越是日久天长，就越值得珍藏。

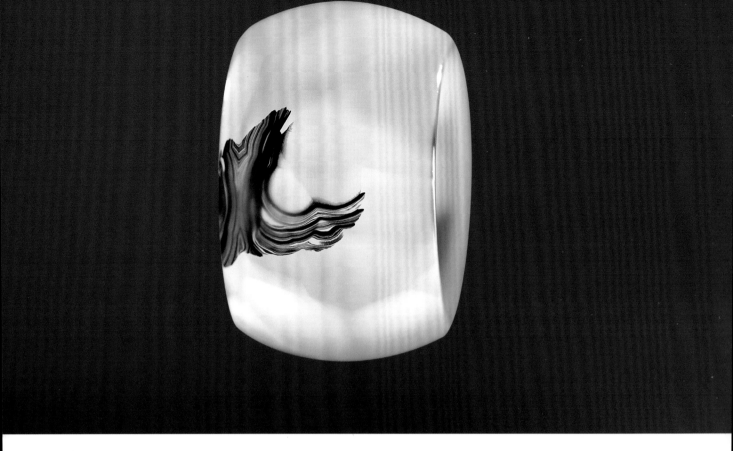

根 规格：22×20×5

没有根的奉献，哪有花的鲜艳和树的伟岸。落叶归根，是花草、树

木对根的深情眷恋。

麦穗　*规格：39×39×3*

在滚滚麦浪里，苏格拉底的弟子们迷失了自己，他们无法找到最大的麦穗。在先哲思想里，他们受到了人生启迪，找到了属于自己的麦穗。

岁月留痕

Life

生活，是慈母手中线，把浓浓的母爱缝进游子的衣裳里；
生活，是一张张笑脸，传递着友爱，拉近着彼此的距离；
生活，是一坛坛老酒，愈久弥香，绵柔得让人陶醉。

浓墨重彩，有时并不是生命中最美的景致。也许是一串
淡淡的足迹，深埋在我们的记忆里。

雾霾之城　*规格：59×20×7*

　楼宇在雾霾里昏迷，生命在雾霾里窒息。

暮色之城　　*规格：60×19×8*

当天空不再蔚蓝，河水不再甘甜，鸟兽不屑与我们为伴……我们将
在钢筋水泥的世界里哀叹！

无情掠夺　规格：57×57×5

当最后一片绿叶从枝头黯然落下，苍劲的绿树只剩下了流泪的枝桠。

　当利欲熏黑良心，资源掠夺殆尽，是否意味着灾难临近？

天怒　规格：$136 \times 112 \times 6$

人类对大自然有限的认知，缺失了对它心存敬畏，对自然环境的破坏或许是大自然惩罚人类的开始。

噩梦 *规格：73×41×5*

生活不会一帆风顺，梦境也有荒诞离奇。面对一张鬼异的脸，逃跑

都没一丝力气。健康、快乐才不会在梦里窒息。

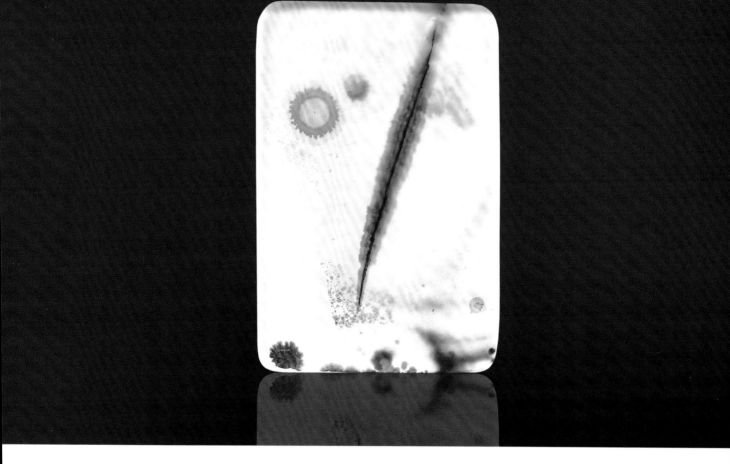

羽笔　　*规格：53×36×6*

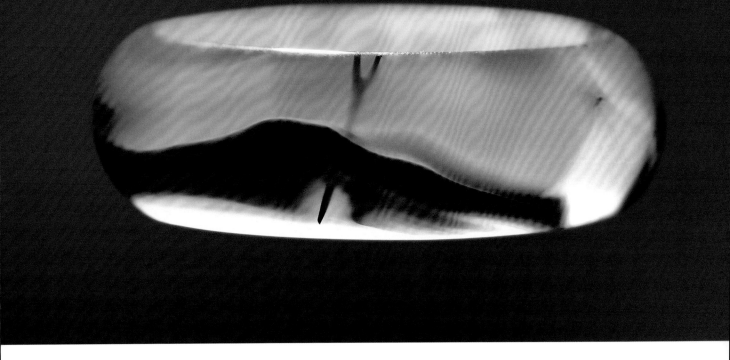

临行密密缝 规格：62×23×5

慈母手中线，游子身上衣。临行密密缝，意恐迟迟归。谁言寸草心，
报得三春晖。

——唐·孟郊

老花镜　规格：50×50×6

儿女渐长大，追梦离开家。双亲盼子归，老眼已昏花。

飞裤　规格：96×96×5

或许那是个行者，我分明看到他健步如飞。或许那是个舞者，我分
明看到他姿态优美。或许那是个乐者，我分明看到他自我陶醉。

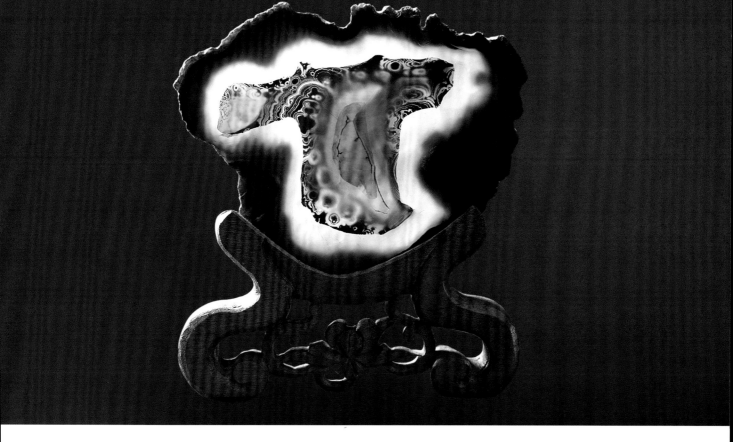

补褂 规格：115×150×6

后宫佳丽爱绸缎，苏绣湘绣穿金线。团龙团凤花锦簇，夜夜寂苦何人怜。

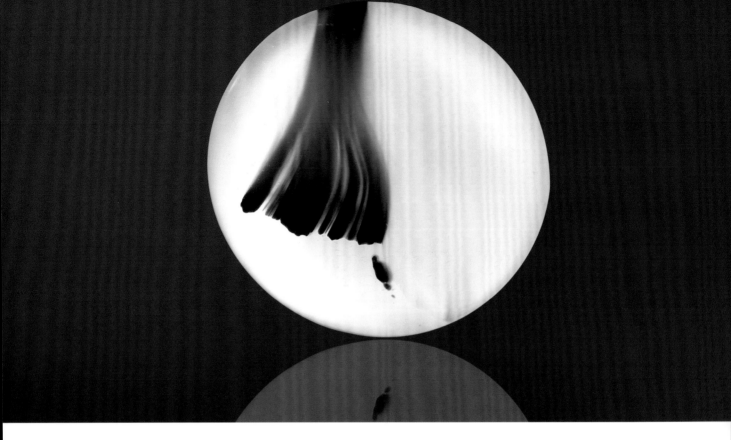

扫帚 规格：22×22×10

人的内心世界像秋日的林荫，风雨过后，枯叶飘零。为自己准备一
把扫帚，扫出豁达和清净，扫出宽容和坦诚。

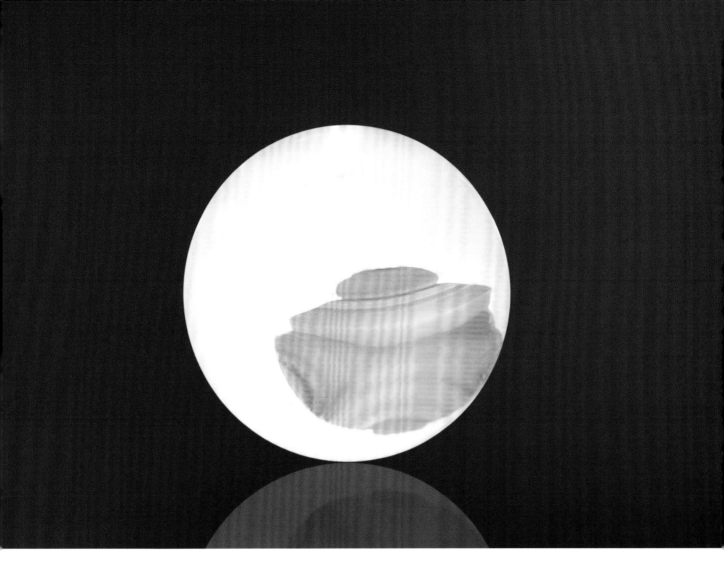

开坛十里香 *规格：$22 \times 22 \times 10$*

那坛美酒，让我忆起哭过笑过醉过痛过的岁月；那个岁月，让我品味或酸或甜或苦或辣的人生。

扳手　规格：58×21×8

没有打不开的锁，没有拧不松的钉。没有趟不过的河，没有攀不上
的峰。永不放弃，笑对人生。

台灯　规格：59×20×7

一盏灯，知道你吃过的苦，知道你选择的路。你与他人的不同，很
可能是在它陪伴下的思考、夜读。

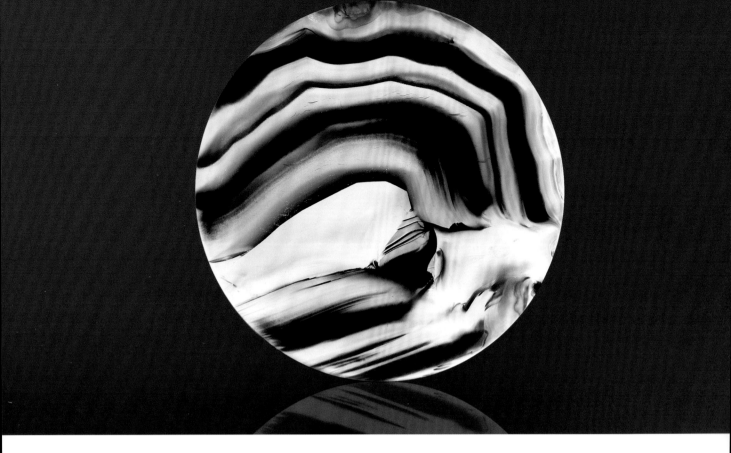

鉴宝　规格：61×61×6

因为稀有才名贵，因为硬度才永久。对你的大小和色泽评头论足，

　是因为你值得拥有。

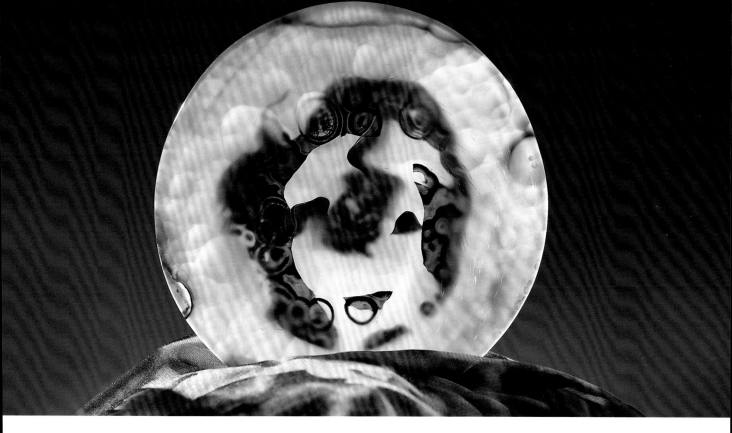

笑脸　规格：81×81×4

一张笑脸能交流感情，拉近彼此的距离；一张笑脸能化解矛盾，消
除彼此的误会；一张笑脸能改变人生，塑造一个完美的自己……笑脸，
让生活更轻松，让生活更从容。

慧眼　规格：58×22×8

自古英才独慧眼，文韬武略聚帐前。诸葛不出卧龙岗，刘备何以定

江山。

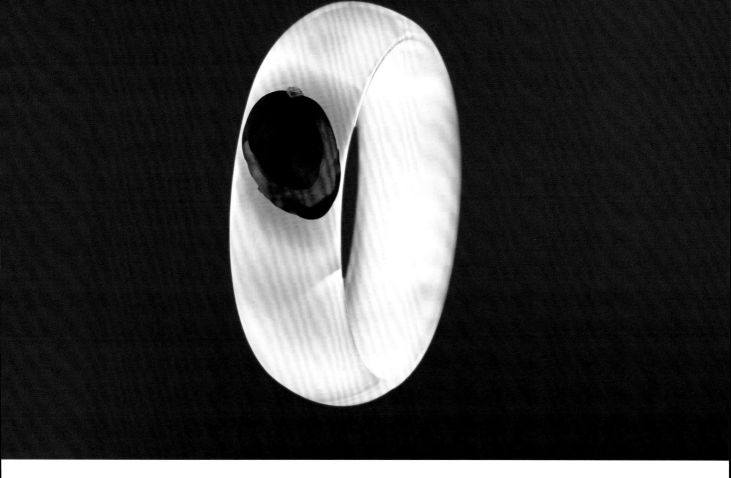

心脏　*规格：* $61 \times 21 \times 7$

如果有一天，我走进你的心里，我会哭，因为那里只有我；如果有
一天，你走进我的心里，你会哭，因为那里全是你。纵然心跳停止，
爱，一刻也不曾停歇。可看见我心房上的一滴泪，为你，而落。

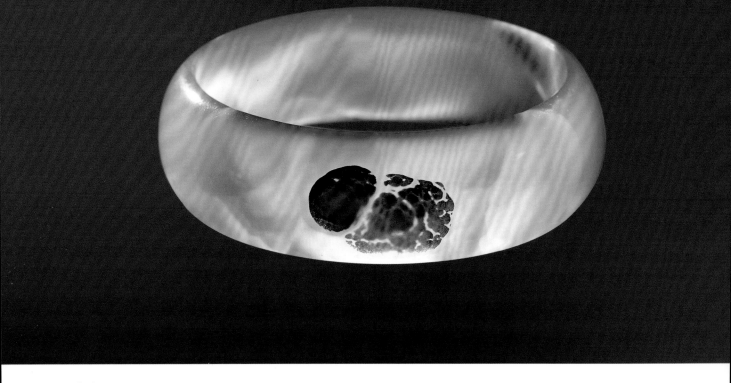

大脑　*规格：62×22×8*

科学家说，你是宇宙已知的事物中"最复杂的事物"。你会思考，
有情感、能记忆。你的想象深邃辽阔，无边无际；你的想法创造了
人类的过去，更决定着人类的未来……

生命的碰撞　*规格：141×120×4*

孕育 规格：51×38×6

人类的繁衍，靠父亲的一粒种子，播种在母亲的土壤里。十月怀胎，
194 呱呱坠地，新的生命便从这里开始。

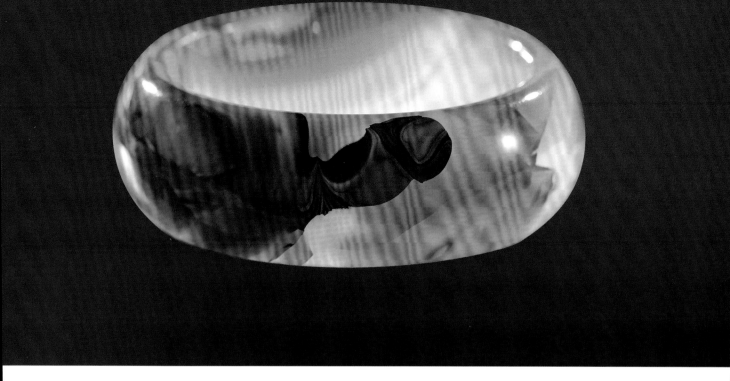

雄起　　规格：54×23×10

雄起，只为了证明，那山的巍峨，那峰的挺拔，还有那岩浆的迸发。　　195

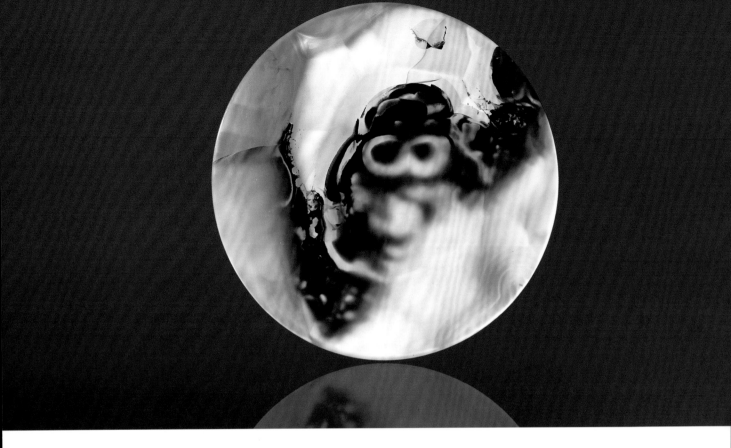

海洋探秘　规格：68×68×3

蓝色的海洋是"生命的摇篮"。人类知道自身由猿进化而来，殊不知海洋里有人类最早的祖先。人类不断地潜入海底，探寻着未知的秘密。

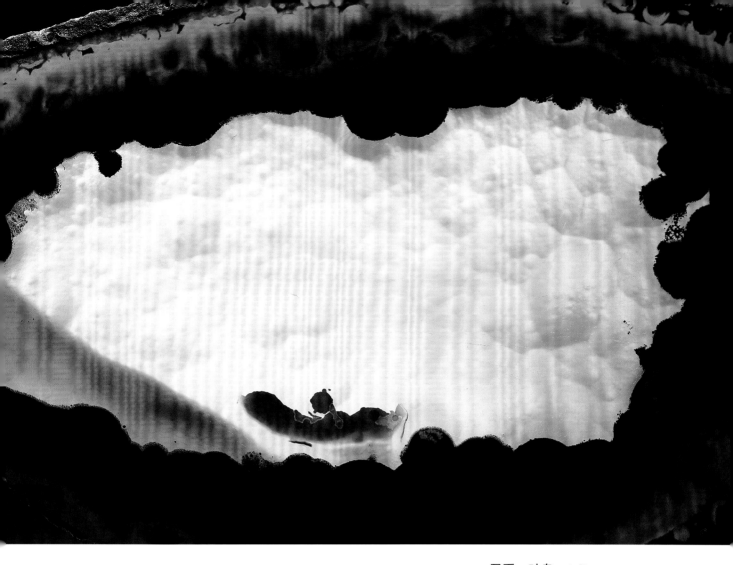

君看一叶舟　规格：121×160×4

江上往来人，但爱鲈鱼美。　君看一叶舟，出没风波里。

——宋·范仲淹　197

浇铸 规格：96×96×5

生活是个大熔炉，吃苦是炉中的火，品格是铸形的模。青春在熔炉

里燃烧，便会光芒四射，脱胎换骨。

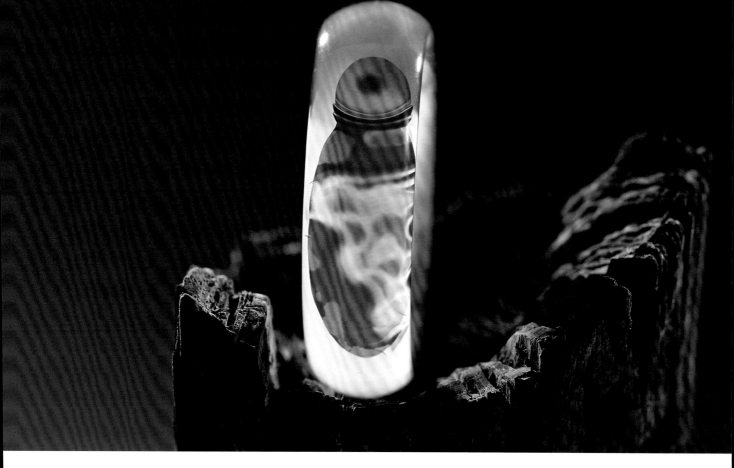

一路平安　规格：$62 \times 20 \times 7$

一只有塞的瓶，一头懵懂的鹿，在玉镯里化作道别时的吉言。一路平安！是对你最爱的女人一生的祝愿！

199

奇思妙象

Stranges

那群流星雨带着眷恋划破夜空，留下强者拼搏的轨迹；那些不速之客，从何处来，往何处去，是朋友还是仇敌？那幅超现实主义画作，是大自然给人类的馈赠，还是给人类的暗示……

茫茫宇宙充满了神奇与奥秘，让我们静静地聆听大自然的呼吸。

流星雨　规格：48×33×6　59×18×6

夜空里，流星雨带着眷恋划破天际，那不是弱者悲伤的泪滴，那是
强者拼搏的轨迹。虽然只是一瞬，但却耀眼、潇洒、飘逸……

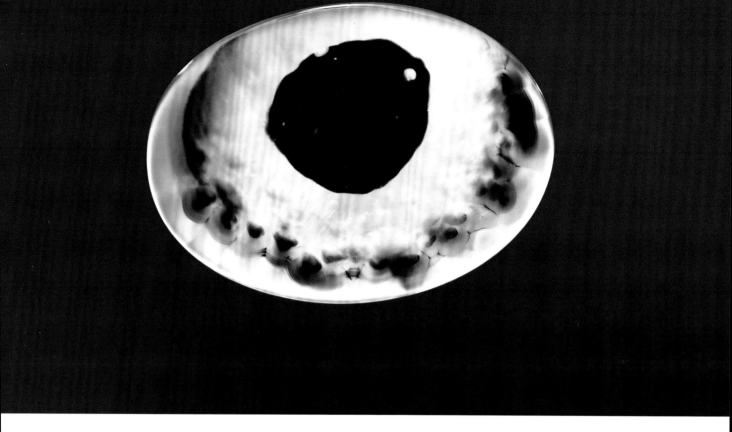

陨落　*规格：58×42×6*

从恐龙灭绝到通古斯爆炸，人类知道了你的威力。你前途不明的时
空旅行，别把地球当成最后的归宿地。那里有生物共同的家园，那
里有人类文明的足迹。

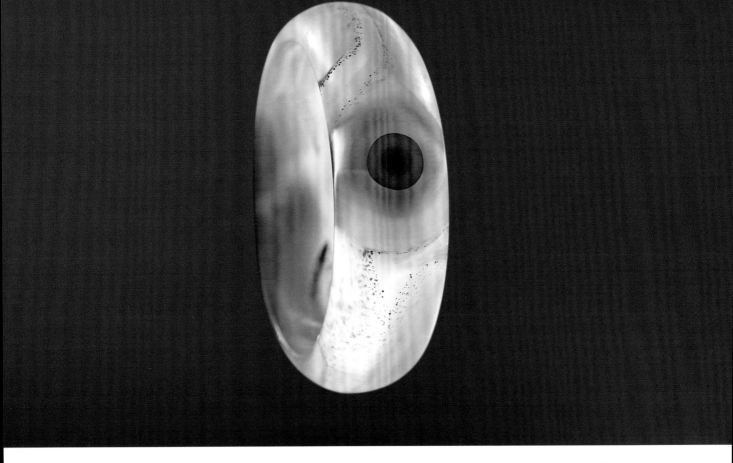

如日中天　*规格：58×22×8*

日之方中，在前上处。

————《诗经》

太阳风暴　规格：51×39×4

太阳的喷嚏，便形成了风暴，它的能量，足以让地球发烧。

时光隧道　*规格：31×31×3*

生命是一场幽梦，而你是我的光。爱情是一次重生，而你是我的伤。
假若可以选择，我愿回到过去。那里，有我的泪，我的笑，和年少
的痴狂。

UFO　　*规格：*$51 \times 51 \times 5$

你是一个未解之谜，你从何处来，往何处去？　207

喷发 规格：50×50×4

当炽热的岩浆喷薄而出，大地不再沉默。火焰将吞噬所有的肮脏，
静等风清水净，万物重生。当翻滚的蘑菇云直冲霄汉，天空不再沉默。

雷电将鞭挞一切邪恶，静观落定尘埃，从头再来。

自然的力量 *规格：70×70×6*

地动山摇，洪水海啸，人类在大自然面前如此渺小。鲜活的生命，
就像暴风骤雨里一枚枚树叶，凋零、飘落。自诩为大自然主宰的人啊，
请收起你的痴狂和骄傲，收敛你的野心与贪婪，重启与大自然相处
之道。

吻 规格：58×23×9

吻是心灵的碰撞，吻是情感的交流。唇舌间的吻，测量爱情的温度，

额头上的吻，则是母爱在孩子心头永驻。

天外来客　　规格：$60 \times 45 \times 5$

人们更愿意相信，外星人创造了玛雅文明；更愿意相信，UFO 是外
星人的飞行器；更愿意相信，美国内华达州"51"区藏匿着外星人
的秘密……

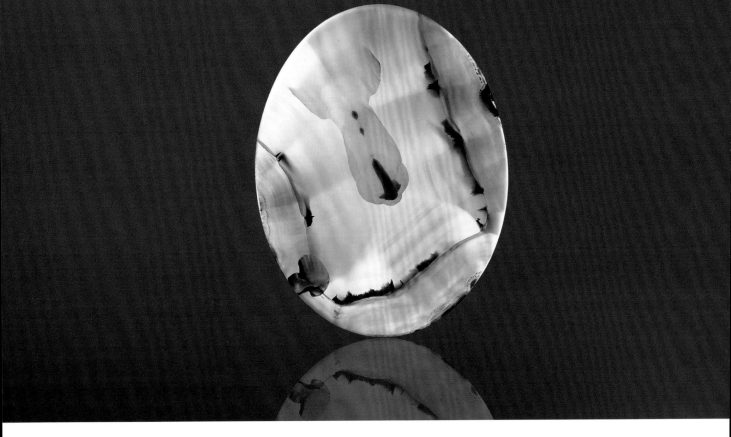

导弹来袭 *规格：48×38×5*

精确制导炸弹、巡航导弹，在不见敌人的战场上，饱受打击和摧残。

高科技之战是把双刃剑，终将是全人类的灾难。

锚　规格：62×44×4

是锈迹斑斑的铁锚，还是满身疤痕的枝桠？是枝桠，一定经历过修剪的痛苦，是铁锚，一定经历过水流的冲刷。

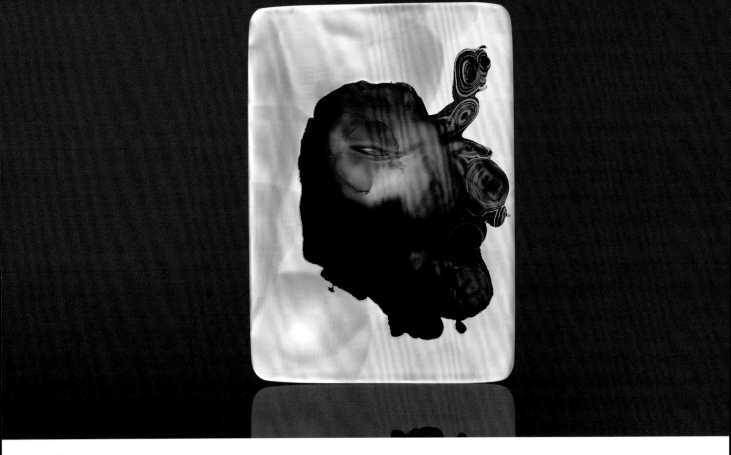

超现实主义　规格：57×42×4

我毕生努力追求的，就是如何像一个孩子那样画画。把我的作品画
成儿童般纯真。

——毕加索

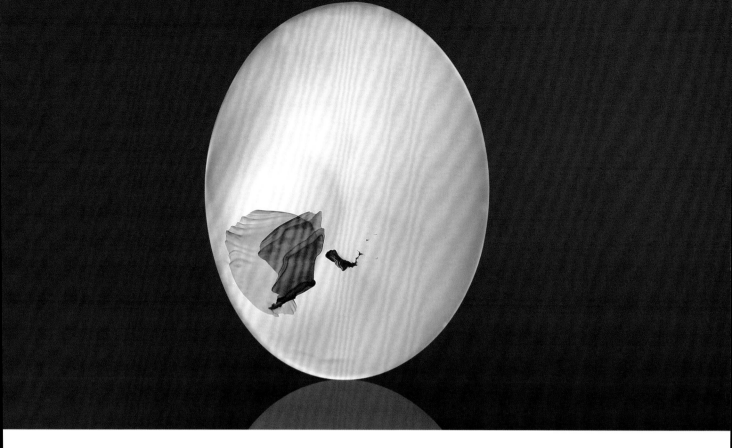

丽巢　规格：51×39×4

自幼见过太多的鸟巢，其实都是一团不起眼的杂草。简单得无法再
简单，渺小得无法再渺小。可这样美丽的鸟巢，又是谁构筑的美妙？

智慧密码

Characters

你若厚重

我愿变成一座山

送你一份大气和伟岸

你若缠绵

我愿变成一颗心

送你一份柔情和爱怜

你若孤单

我愿变成一只手

送你一份支撑和温暖

是惊人的巧合

还是真实的再现

一个个神奇的符号

传递着一份份别样的情感

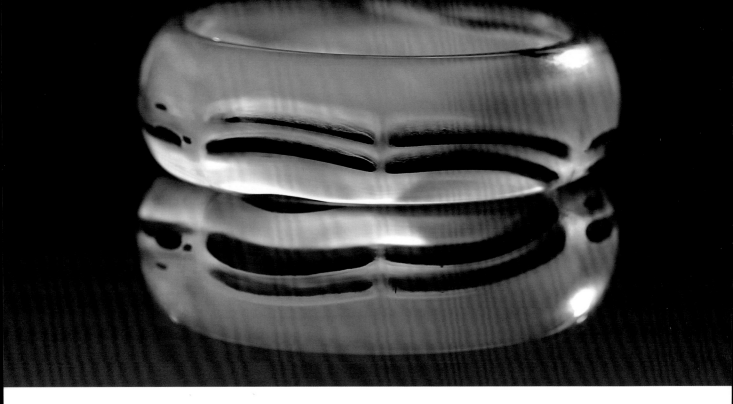

太阴　规格：60×22×9

文王羑里绎八卦，天地万物皆变化。易经之道通阴阳，去伪存真留
精华。

C 形龙　规格：45×45×6

自古玉取其坚，环取其周。而此形犹如"玉中生环，环映玉中"，
兼有质之无敌的品格与形之无极的禅理。龙的传人，仿佛已将他们
的魂与骨镌刻进了天地万物，用不朽的存在重现着历史的永恒。

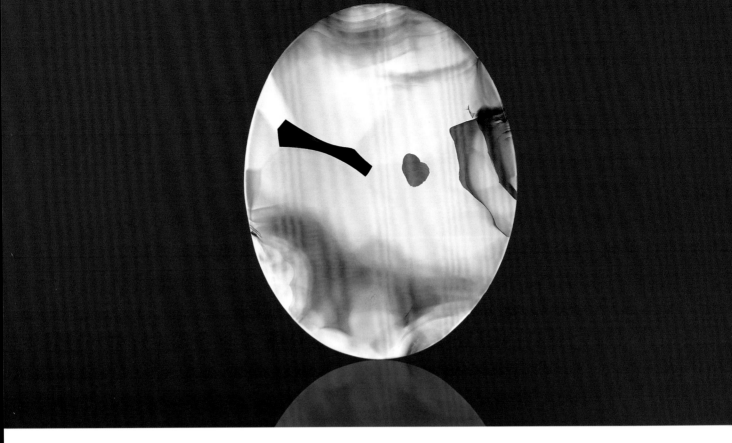

一心一意　*规格：*$70 \times 53 \times 5$

　没选择，是你；有选择，还是你。选择了你，便不再选择，永远，是你。

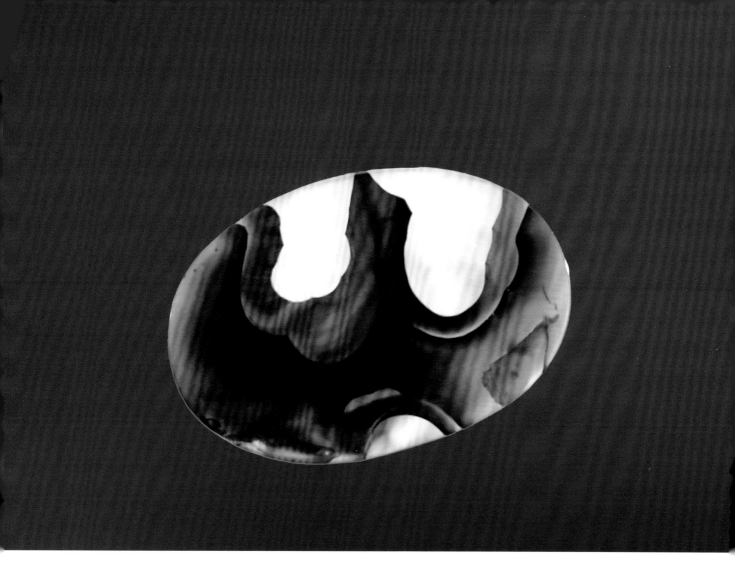

山　规格：43×64×5

山是那座山，古今形未变。恩重情更浓，巍峨意绵绵。

平步青云　规格：60×19×7

玛瑙手镯润又圆，纹理相同意相远。脚步丈量好山河，平步青云靠大山。

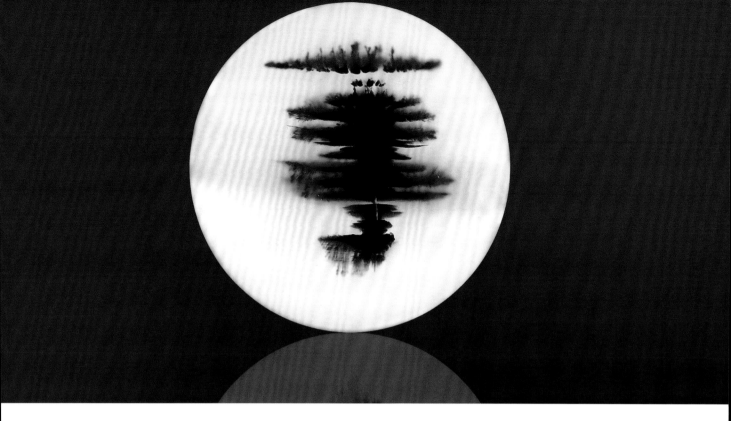

手　规格：$18 \times 18 \times 18$

手有五指，它把握人生，创造价值；它挽救生命，抚慰心灵；一只
伟大的舵手，甚至改变历史的航程。它也窃取名利，编造谎言；它
攫取权力，制造灾难。一只罪恶的黑手，甚至让人厌恶让人胆寒。

精品荟萃

Boutique Collection

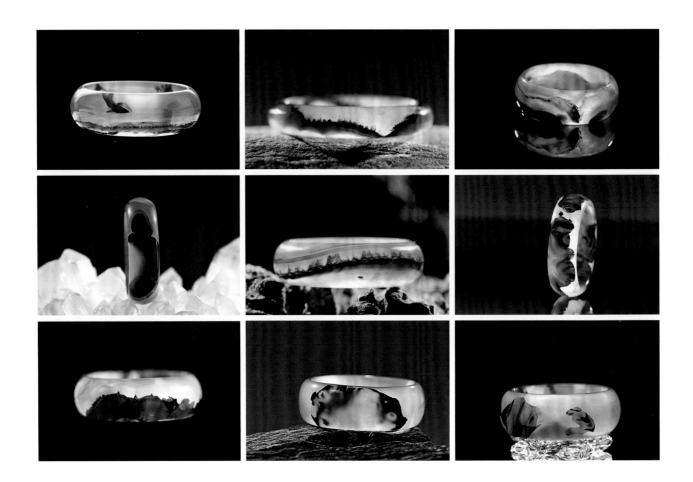

①	②	③
④	⑤	⑥
⑦	⑧	⑨

①鲸 59×21×8

②这里黎明静悄悄 63×14×8

③日照金山 58×23×9

④飞来石 63×23×9

⑤红土林 62×21×9

⑥孕猴 58×21×7

⑦一夫当关 59×21×9

⑧发财猪 61×25×8

⑨对峙 62×24×9

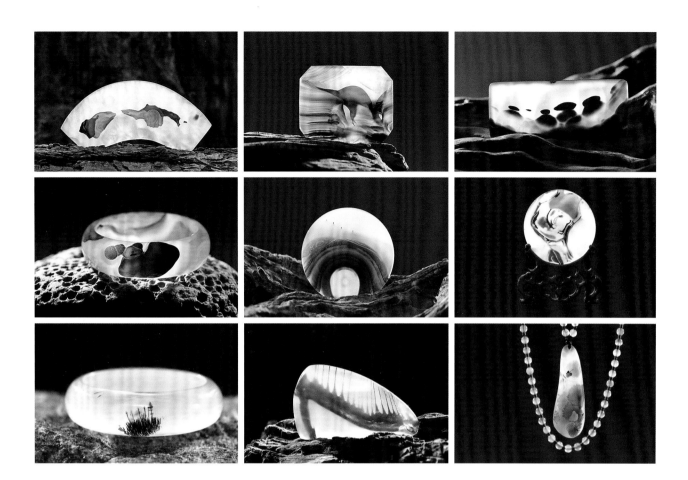

①	②	③
④	⑤	⑥
⑦	⑧	⑨

①断裂　48×132×4　　　②戏水狐狸　57×46×4　　　③不速之客　34×81×5

④情圣　58×20×8　　　⑤隧道　61×61×4　　　⑥新疆舞　133×133×5

⑦春风吹又生　58×20×9　　　⑧斜拉大桥　55×99×17　　　⑨浣秋　76×27×16

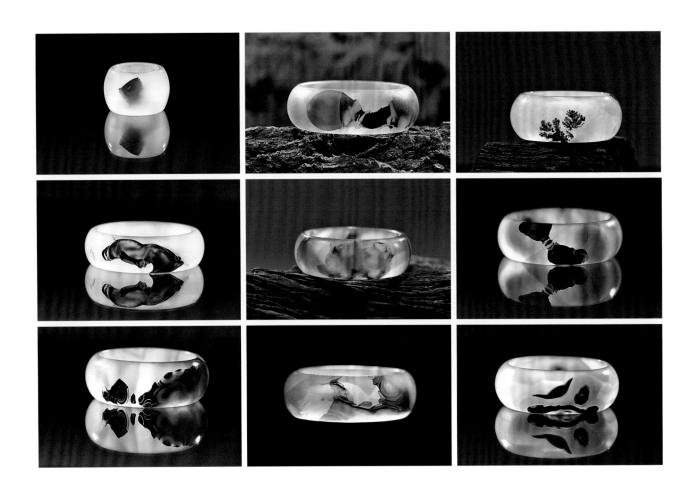

①	②	③
④	⑤	⑥
⑦	⑧	⑨

①热带鱼　21×20×6　　　②捕获　59×22×7　　　③珊瑚　62×31×10

④变异　60×22×10　　　⑤发财猪　62×24×8　　　⑥钱袋子　58×23×8

⑦捕食　60×27×10　　　⑧守望　55×22×7　　　⑨如意财宝　60×25×9

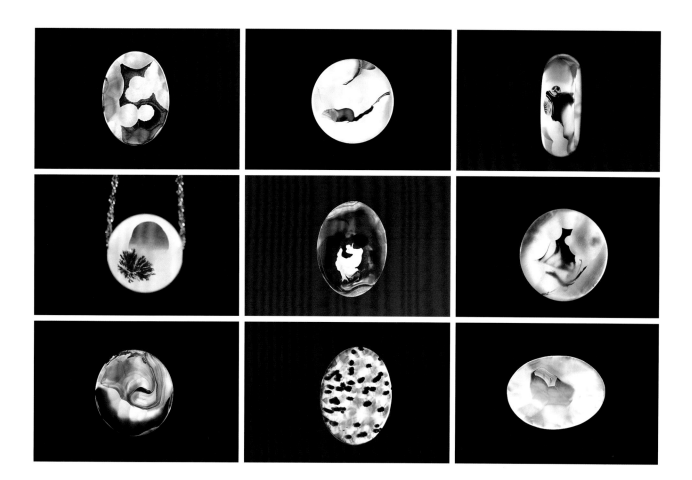

①	②	③
④	⑤	⑥
⑦	⑧	⑨

①5　50×37×5

②鼠　35×35×7

③猢猴　60×25×9

④日照江花　16×16×16

⑤曲颈向天歌　67×45×4

⑥黑豹　39×39×6

⑦秋荷　61×61×5

⑧微生物　52×39×4

⑨三寸金莲　45×63×5

①	②	③
④	⑤	⑥
⑦	⑧	⑨

①椰风　40×29×4　　②蝙蝠侠　51×34×6　　③红红火火　40×57×5

④细胞　58×58×6　　⑤顽皮猴　48×35×5　　⑥挺　79×79×6

　⑦海螺　50×31×6　　⑧50　39×39×4　　⑨萌　58×71×5

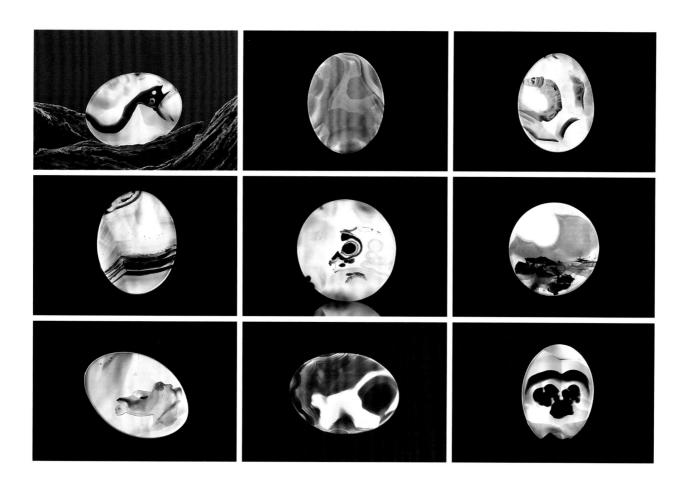

①	②	③
④	⑤	⑥
⑦	⑧	⑨

①毒蛇　65×88×4　　②鹿回首　49×38×5　　③皮皮虾　90×71×5

④孤帆远影　51×40×4　　⑤齐天大圣　65×65×7　　⑥渔港月夜　51×51×5

⑦骆驼　58×41×5　　⑧长尾猴　56×41×6　　⑨水牛　53×40×5

①	②	③
④	⑤	⑥
⑦	⑧	⑨

①小章鱼　36×71×17　　②日出山坳　59×28×8　　③树杈　58×21×7

④禾木秋色　56×18×5　　⑤媚　27×10×8　　⑥豆荚　60×11×5

⑦狐狸　59×45×7　　⑧唐代仕女　60×22×10　　⑨火眼金晴　49×49×4

①	②	③
④	⑤	⑥
⑦	⑧	⑨

①小鹿　79×51×32　　②松鼠觅食　53×56×22　　③目空一切　61×22×8

④雏鹰　51×48×16　　⑤凶相毕露　61×24×9　　⑥沙影流光　60×23×10

⑦财娃　17×37×12　　⑧奥特曼　60×25×9　　⑨雪雉　77×55×6

跋

一

我相信，人们在进行文艺创作的时候，都不是一时头脑发热、凭空想象，他必然有一个深思熟虑、酝酿发酵的过程，也必然有触动他产生创作冲动的元素和因子。正是这些藏匿在内心深处的能量，点燃着他的激情，激励着他去坚持和创作，追随自己的内心，完成一种使命。

走上摄影之路，或许与我从小就喜欢美好的事物有关。儿时的我虽不擅言辞，却感情丰富，家乡的一草一木，都深深地烙在我的脑海里。记得儿时，母亲和家乡的妇女们总是头戴用高粱篾编成的尖顶"帽壳子"，帽带是用五颜六色的玛瑙玉石珠子串成的，这些串珠既能固定帽子不被风刮跑，又能避暑降温，算是家乡妇女们身上唯一美观又实用的装饰品。田间归来，母亲脸上晶莹的汗珠和闪闪发光的玛瑙珠子，从此就成了我童年美好的回忆。

时光荏苒，十六岁那年我进了军校，成了一名军校学员。火热的军营生活不仅锤炼着我的体魄和意志，也培养了我广泛的兴趣和爱好，其中一项就是摄影。1985 年，我的一幅名为《欲倾蘑菇》的作品被当地报纸采用，从此激发了我的摄影热情。十几年间，我在军地各级举办的摄影比赛中先后获奖几十次之多，但都没形成系列，直到一次出差途中遇见渡槽。

渡槽，也叫高架水渠，通常架设于山谷、洼地、河流之上，用于通水、通行和通航。六、七十年代，毛泽东主席提出了："水利是农业的命脉"。于是，作为一种水利设施，渡槽在全国各地兴建起来。那时，老百姓的日子过得很苦，他们靠着自力更生、艰苦奋斗的精神，用铁锤、钢钎，手工打造了这些气势磅礴的水利工程。可以说，渡槽是人民群众战天斗地、人定胜天英雄气概的见证。出于一位摄影师的责任感和敏锐性，从 2002 年起，我开始关注并拍摄渡槽。2007 年，我退出现役，先后驱车25000 公里，对 16 个省、自治区和直辖市境内的渡槽进行了集中拍摄，并在平遥国际摄影节进行了展出。之后，《中国摄影报》《中国国家地理》等多家媒体介绍了我和我的渡槽专题，影友们戏称我"黎渡槽"。

再次与玛瑙结缘，还得从"剪影"说起。那是九十年代初，有一次我到北京出差，闲暇时朋友带我到刚开张不久的潘家园旧货市场转了转。在一个摊位前，我被五光十色、琳琅满目的玛瑙片片所吸引。

当我问及有无精品时，货主小心翼翼地从内衣口袋里掏出一枚，神秘兮兮地对我说，里面有一位西洋女人。我小心翼翼地接过来，迎着阳光仔细观赏，果不其然，一位西方油画中的贵妇形象栩栩如生、跃然石上！我顿时爱不释手，也顾不上讨价还价，就欢天喜地收入囊中。摊主告诉我，他来自辽宁阜新，阜新玛瑙在中国久负盛名，图纹玛瑙是其一大特色。他还告诉我，当地还出过"孙悟空"和"猪八戒"等玛瑙珍品，都被人高价买走了。我不禁啧啧称奇，同时也喜爱上了这些"长在石头上的画"。从那以后，每次到北京出差我都要到潘家园去"淘宝"，却再没有遇到这样的上乘之作。

2008 年，我在上级机关挂职锻炼，八个月的工作和生活，我受益匪浅，也与一起工作的同事建立了深厚友谊。临别时，我决定把一件珍藏了近二十年之久的玛瑙原石"取暖鸳鸯"赠送给一位朋友作为留念。出于习惯，我拿出相机，把她和"剪影"一起拍了下来。镜头下，"贵妇"是那样地高雅，"鸳鸯"是那样地娇俏，叫人百看不厌。记忆仿佛一下子倒回童年时代，我想起了村中妇女"帽壳子"下五颜六色的玛瑙珠链，想起了母亲帽子上那串汗水多年浸润已除去了浮光、色泽厚重的玛瑙玉石……原来，在我的内心深处，那些温润内敛的玛瑙珠子，早已打上了母爱的记号，深藏在我的记忆深处。

正是这一拍，让我有了电光火石的灵感。如果，我能找到那些散落在民间的玛瑙精品，并用镜头将她们的美丽和神奇展现出来，这将是一件多么有意义的事情啊！说不准，在被炒得沸沸扬扬、炙手可热的高档翡翠、和田白玉时代，不被大众关注的玛瑙还能通过我的拍摄和传播，来个华丽转身，成为收藏界乃至投资领域杀出的一匹"黑马"。我迅速锁定了拍摄主题 —— 图纹玛瑙，即藏友俗称的象形玛瑙。从此，踏上拍摄之路，也正是在图纹玛瑙的拍摄过程中，我被她们那深厚的文化底蕴和神奇的艺术魅力所打动。每一块图纹玛瑙，都是大自然的鬼斧神工和后期加工共同造就，独一无二、不可再生，可谓"一石一世界，一图一乾坤"。

二

每一个系列的拍摄，都不是一蹴而就的，更不是急功近利的，它是一个厚积薄发的过程，是一个凝聚心血和智慧的过程。在这个过程中，我深深体会到，每一块图纹玛瑙都是一个传奇，每一个收藏爱好者都有说不完的收藏故事。

在图纹玛瑙的信息搜集和拍摄过程中，我知道了孙毓骐与他的华夏玛瑙博物馆，老吴头和他的玛瑙世界，徐惠恩和他的海洋玉髓，彭涛和他的彝族少女……也知道在北京、辽宁、内蒙古等地，有一大批图纹玛瑙收藏爱好者，有的收藏历史甚至长达三十年之久。

辽宁营口的孙毓骐先生就是这支收藏大军中具有传奇色彩的人物。为了这些美丽的玛瑙，他不惜卖掉自己苦心经营的汽车修配厂，建起了国内第一家玛瑙博物馆，出版了国内第一本展示玛瑙魅力的图书——《中国玛瑙图谱》。他像爱护自己的孩子一样，呵护着这些历经千辛万苦淘来的宝贝。他的坚守，缘自他对这种天然艺术品的挚爱，同时也充满了对其艺术价值、收藏价值的自信，他在静静等待，等待着图纹玛瑙的"惊天逆袭"。

河北唐山的彭涛也是一位图纹玛瑙收藏爱好者，收藏图纹玛瑙二十多年，至今还是一往情深、痴心不改。他对我说，他收藏过翡翠、和田玉和雨花石，但真正打动他的还是图纹玛瑙，因为图纹玛瑙色彩丰富、晶莹剔透，尤其是天然图案栩栩如生、惟妙惟肖，毫不夸张地说个别极品简直如同三维图像。他最得意的藏品是"彝族少女"，为了考证画面上少女的装束，他甚至千里迢迢远赴彝族集居区实地求证。为了藏品更符合自己的审美眼光，他买来了切割、打磨、抛光等玉器加工设备，反复试验，精益求精。

交通和通信技术的快速发展，压缩了时间和空间，拉近了人们彼此的距离。正是这样的便利，使我有幸结识了一些玛瑙加工企业、经营玛瑙的珠宝公司、淘宝网店的老板和玛瑙藏友。经过反复的沟通和联络，我的玛瑙拍摄渐渐得到他们的认可，由一开始一些藏友不愿配合挂断电话，到后来主动与我联系请我拍摄，这期间，我付出了许多难以言说的艰辛和努力。然而，我也结识了许多朋友，收获了很多快乐。每当看到图片库日益丰富，拍摄技巧日臻成熟，我就感到自己的付出是有价值的。

据有关资料显示，在辽宁阜新和福建厦门，这样的玛瑙加工工厂和作坊有数百家之多，两地的玛瑙销售年产值均在两亿元人民币以上，仅仅厦门东孚镇，每年生产的手镯占全球的90%以上；而阜新十家子镇的玛瑙产品种类更为齐全，玛瑙雕刻闻名遐迩。在拍摄中，我发现图纹玛瑙收藏队伍日益壮大，其价格也随之大幅攀升。然而，不管是政府发布的信息，还是专业协会的报告，对图纹玛瑙却关注甚少。这不能不说是个遗憾。

三

我经常在拍摄中反思，拍摄是为了什么。我想，一位优秀的摄影师，不仅仅是用眼睛去发现和捕捉最美的景物，他要用镜头去沉淀和升华最深刻的灵魂悟语。拍摄，不仅仅是重复着按动快门，而是用手中的镜头去发现、去思索，去呼吁、去传承。这，是他的责任，亦是使命。

西班牙塞哥维亚大渡槽建于公元 53 年至 117 年，全长 876 米，至今完好无损，被列为世界文化遗产。而我国"文化大革命"时期修建的渡槽，因气候环境、体制机制以及人为因素的影响，有的年久失修、自然坍塌，有的人为破坏、残缺不全，有的因妨碍交通和城市建设被迫拆除。在一些地方，经济的快速发展已容不下这些历史遗迹了。福建省石狮市的大仑渡槽，横亘于繁华的服装城商业区，与现代建筑交相辉映，遗憾的是被当地政府于 2010 年 10 月爆破拆除。如今，我只能在图片资料里颀赏它刚毅的身影。广东省罗定县的长岗坡大渡槽，气势雄伟，风格独特，由于管理不善，当地群众随意钻孔取水，还在桥拱下私搭乱建永久性设施。当地政府看到《中国国家地理》的报道后，引起了重视，立即投入资金加强了管理和维护。这让我感到由衷的欣慰。

同样，在图纹玛瑙选题的拍摄中，我也力图通过图片传递我的思想和声音。厦门和阜新南北两个玛瑙加工基地，当地农民靠着加工玛瑙富裕起来，过上了与城里人一样的生活。然而，由于国内外市场对玛瑙饰品特殊的需求，一些玛瑙加工企业依然在使用剧毒染色剂。前不久，央视播出了阜新某农村因加工玛瑙大量使用染色剂，导致地下水受到严重污染的新闻。这些问题，不能不引起人们的深思。

我拍摄的动物类、风景类居多，不仅仅是因为这类藏品多，更主要的还是我个人对这类题材的偏好。我喜欢动物，喜欢大自然，喜欢动物和人类自然共生、和平相处。有一次，在去西藏阿里的途中，当我看到成群的岩羊和野驴时，被深深地震撼了，手持相机拍个不停，同伴们都上车了，我还呆在原地，久久不愿离去。我国的经济发展用三十年走过了发达国家二百年的历程，正当人们沾沾自喜地享受着现代成果的同时，蓝天碧水也离我们越来越远，鸟语花香已成昨日记忆，被污染的空气、水源、土壤及食品正在转变成致病因子，危害着人们的健康。为数不多的野生动物们，都在小心翼翼躲着人类，唯恐一不小心就会成为"舌尖上的美味"。我们赖以生存的环境已经遍体鳞伤，不可预知的灾难正一天天向我们逼近。我希望用这些题材的作品，警醒人们善待自己的家园，爱护我们的环境。

可能会有人说，几张摄影作品能顶什么用？但是我想，所有的文艺作品，在服务大众的同时，都不能忘了弃恶扬善、释放正能量，这，是所有文艺作品永恒的主题，更是每一位有良知的摄影师应尽的责任。

四

国内一位非常有名的自由摄影师、旅行作家曾说过，十余年的自助旅行，打动他的，不是风景，而是在不同的地方遇到不同的人，在与他交错的瞬间，改变、点化、充盈着他的人生。于我而言，无论是七载渡槽拍摄，还是近三年的玛瑙聚焦；无论是镜头下一座座风格迥异、令人震撼的渡槽工程，还是掌心中一枚枚美轮美奂、有情有意的图纹玛瑙，都在不知不觉中感动着我，充实着我的思想和生活。

在此，我也向玛瑙加工企业、经营玛瑙的珠宝公司、淘宝网店的老板以及玛瑙藏友们表示由衷的感谢！特别是孙毓骐、彭涛、张连峰、赵立忠、陈文凯、甄丽梅、王贺等，有你们的支持和鼓励，有你们的热心和信心，才有了这本书的思想和厚度、丰富和精彩。

用有情感的眼睛去发现和记录，用有思想的镜头去传承和发扬，用有生命的画面去诉说和反思，用有灵魂的作品去激励和感染，这，是我不变的追求，亦是我，一位自由摄影师心中美好的梦。这个梦可能很平凡很渺小，但我相信，正是这些平凡而真实、执着而火热的梦，才汇聚成了气势磅礴、伟大厚重的共同梦想——中国梦。

如是，我在收藏路上，在摄影路上，坚持着内心深处的远游，继续着美丽而执着的前行……

磊军

2013 年 8 月 26 日

图书在版编目（CIP）数据

石破天惊：中国象形玛瑙收藏与鉴赏 / 黎军著. --
郑州 : 中州古籍出版社，2014.5
ISBN 978-7-5348-4766-0

Ⅰ．①石… Ⅱ．①黎… Ⅲ．①玛瑙－收藏－中国②玛
瑙－鉴赏－中国 Ⅳ．①G894②TS933.21

中国版本图书馆CIP数据核字(2014)第083154号

责任编辑：宗增芳
责任校对：王晓贺
特邀编辑：曹蔚华　黎苏蒂
助理摄影：黄　伟
出 版 社：中州古籍出版社
　　　　　　（地址：郑州市经五路66号　　邮编：450002）
发行单位：新华书店
承印单位：郑州新海岸电脑彩色制印有限公司
开　　本：889mm×1194mm　　1/16
印　　张：16
印　　数：1—2000册
版　　次：2014年5月第1版
印　　次：2014年5月第1次印刷
定　　价：298.00元